时间对话

——开启宇宙的钥匙

◎刘应平　著

陕西出版传媒集团
陕西科学技术出版社

图书在版编目(CIP)数据

时间对话：开启宇宙的钥匙／刘应平著. --
-西安：陕西科学技术出版社,2014.11
ISBN 978-7-5369-6301-6

Ⅰ.①时… Ⅱ.①刘… Ⅲ.①时间-普及读物
Ⅳ.①O412.1-49

中国版本图书馆CIP数据核字(2014)第241506号

时间对话——开启宇宙的钥匙

出版者 陕西出版传媒集团 陕西科学技术出版社
西安北大街131号 邮编710003
电话(029)87211894 传真(029)87218236
http://www.snstp.com
发行者 陕西出版传媒集团 陕西科学技术出版社
电话(029)87212206 87260001
印 刷 陕西天地印刷有限公司
规 格 787mm×1092mm 16开本
印 张 10
字 数 130千字
版 次 2014年11月第1版
2014年11月第1次印刷
书 号 ISBN 978-7-5369-6301-6
定 价 28.00元

前　言

本书分对话篇和附录篇。对话篇没有涉及任何公式,通俗地介绍了流出的时间理论。对话篇设计成我的同学赵教授与我的对话。听众是很有好奇心的一些中学生和大学生,还有对流出的时间理论或心存疑虑或坚决支持或尚在观望的几位教师。赵教授是数学博士。赵教授毕生研究数学和物理,多有数学物理著述。赵教授既要以自己的口气说话,又要时时模仿各层次听众的口气提问题。他在主持谈话,他的提问往往有提请各位注意的意思。而我的回答既要准确反映物理实质,又要浅显易懂,既要简练干脆,又要不漏痕迹地耐心解释一些概念。科学普及的任何可能的成功,都以读者的好奇心为基础。

对话 1 到 17 谈流出的时间理论本身。对话 18 到 22 是与主题相关的思想方法,会有助于理解基本观念。例如逆时间悖论不光有趣,也是有实质性的内容。

流出的时间理论曾在《流出的时间》和《热与引力》两本书中做过阐述。该理论经传布后,有读者提出了一些疑问或问题,本书试图对提出的问题做以回答和解释。

这个理论是关于时间的理论。对于时间的正确理解是当前物理学的急需。作者一直在大学教数学,研究相对论与时间已有大约半个世纪。感谢大学有充足的研究时间和清净的学术环境,使得流出的时间理论得以初步建立。我把相对论关于时间的思想作为唯一正确的出发点,但是不呆板地套用广延性概念。了解物理应该只认实验,相对论通过了所有实验检验。

鉴于物理学家和思想家们一直企图改变时间既与物质相互完

全独立，却又必须有密切关系的尴尬现状，作者采用时间与物质的统一体（名之时空碎片）作出一个新的物理模型，由此建立一个原理性的、具有刚性的理论，这就是流出的时间理论。作为该理论的几个自然推论，给出了热与引力的双向直接关系；给出了引力机制，这个机制可以简单推导出万有引力公式；给出了宇宙大爆炸在普朗克时间以内一个清晰的卡诺循环，由此自然推导出正反粒子对的产生过程、正反物质对称破缺、冷暗物质形成、初期宇宙内容物以辐射为主等等一些推论；给出了宇宙常数与宇宙加速膨胀的实质关系；给出了暗能量的物质形式；给出了高维卷缩结构与质量起源的关联；给出了加速度与时空变形的关系，由此推出引力微微大于惯性力从而使等效原理发生偏移的机理。理论还确认当下宇宙平均密度比临界宇宙平均密度大是一个高概率事件，可以检验。已有的光度法测量结果应该偏小。

由关于时间的简单假设能够把这么多物理事实联系起来，说明这个假设抓住了问题的本质。由物理思想发展成定量的完整形式的理论再检验共有3个阶段，每一个阶段都不能少。流出的时间理论正处在第1阶段，但是已有了一些定量的工作。作者认为最有信心的是，在理论自身早已有了关于暗能量的结论之后若干年，才有由观测估计到暗能量存在并为之命名的事实。在此之前，宇宙最大量的内容物，反而是这个理论要求其存在但理论自己却不知其下落的事物。

流出的时间理论已经计算出本底时空元的能量值，符合预期，支持时空碎片模型，使用于理论的展开之中，不违背现有的物理观察。附录5已算出本底时空宇宙平均密度值，可以与实验比较。时间可逆从科幻发展到理论，已有的理论计算表明，通过爱因斯坦-罗森桥有可能作为虫洞回到过去。但是，如果按照流时论给引力场方程加进热影响项，使场方程有了熵指的时间方向，那么经过一些公式变换则可证明，这个虫洞会关闭。这也符合理论预期。含宇宙常数的引力场方程指出存在与闵可夫斯基度规成正比的能量动量张量。通过式子变换,可以把这些能量和动量的物理意义加以明确,它的均匀和无量子涨落,说明它就是流时论所指出的本底时空。这也给流时论解释宇宙加速膨胀作了一个支持性的注释。

附录18在流出的时间理论框架下自然得出了弱场的线性爱因斯坦方程。给出了真空能密度下限。方程性态符合预期,而且物理意义更明确,说明流时论并不违背广义相对论。从我们对待理论的一般思想方法看,流时论是成立的。

由以上的介绍可以看出,包括弦论和圈量子引力,还有一些专讲时间的大部头的物理著作,没有任何一个理论像流时论这样系统的时间理论,这样毫不含混地与旧时空观念决裂,这样巧妙地实现时间、空间与物质相关。又是如此地简单,如此地直观,使人们对时间的熟悉又回到了自己的身边。

这就是这个理论能贯通大量物理事实的原因。

对话篇与附录篇是大致平行的,都是按理论展开的逻辑顺序安排的,有相互印证的作用。虽然平行发展,内容却并不重复。在对话篇看问题的角度,到附录篇则换成另一个视角。

虽然对话篇是为通俗介绍而写的,我们还是假定读者是看了对话篇再看附录篇。对物理工作者或物理爱好者作一些解释也是需要的。先看附录篇再看对话篇会感到使用符号时的简便和明确。

1个专题对应1则附录,附录有公式有计算。前4则附录(附录1、2、3、4)是对流出的时间理论进行系统而全面的准确叙述。注意物理概念的流畅表达,概念之间的逻辑关系需环节相扣。把篇幅较大的必要枝节以及新的公式和计算、学术环境评估等等放在后边的附录之中,使得思路可以不偏离主线。可以说其他附录和整个对话篇都是围绕这4则附录安排的,但是对话篇却有完整的独立性。为方便读者由对话篇向附录篇延伸也做了精心安排。这样安排使理论核心部分叙述集中,而且这样文笔简明、重点突出,有提纲式的一览全豹的作用。

本书的对话篇是为中学生和大学生写的。附录篇会对他们进一步提高兴趣提供方便。阅读本书的理科大学生、物理爱好者和物理工作者也会感到耳目一新。希望本书能引起读者快乐的思考，并给予我向各位请教的机会。

感谢赵汝怀教授对我多年一贯的支持。感谢同学同事亲友以及学界其他许多人对流时论的支持和关切。感谢出版社和编辑的慷慨帮助。

刘应平

2014 年 6 月 4 日

目录

对话篇

附录篇

对话篇

对话1　认识时间有了好办法

赵问：请你先描述一下人们的朴素时间观念，这样或许会引起人们深入了解时间的兴趣？

刘答：几乎可以说人人都了解时间。“有时间，说不清”。用这六个字大致能够概括朴素的时间观念。大部分人都认为时间是客观存在的。天天都跟时间打交道，再熟悉不过了，但是不能细想。若要问：时间是什么？它在什么地方？它怎么总是管我们的事？如此等等。细想这些问题，任何一个人都会迷惑不解。最令人不解的是，这么熟悉的东西，怎么一认真就面生了？变得一丝一毫都不了解了？

问：2000多年以来，东西方出了那么多圣人、哲人、大科学家，他们一定有高论？

答：其实在1905年之前，虽然有大部头的哲学书，但是哲学家和物理学家关于时间的认识，比普通人的这六个字多不了什么。伟人们确实把人类关于时间的已有知识作了全面准确的总结。哲学的思辨，古典物理的实用，该做的做到了。限于物理学发展的水平，无可复加。均匀流淌算是时间最深刻而又最能为人接受的形象描述。倒是时间要么是客观存在的，要么是人心的自我感觉，要么是上帝的赐予，这样一些问题，永远争论不完。我们只能特别关注1905年之后现代物理学的时间、空间观念。

问:为什么是1905年?

答:狭义相对论于1905年发表。有一种说法认为,欧氏几何是研究空间的,狭义相对论是研究时间的。丈量土地属于实验物理,为了表达丈量结果,古埃及产生了欧氏几何学。“刚性量杆”直到狭义相对论仍然是基本实验工具。当然,测距方法本质上都是量杆功能。研究时间,在1905年之前主要是用哲学方法,1905年之后主要是用物理方法。

问:你是说,新的时间观念从狭义相对论开始?

答:是的。从此时间学说是物理学的理论。关于时间,狭义相对论有新观念,有准确的公式,计算结果可以与实验对照,时间的物质本性实实在在,不由你不信,不由你不惊叹物理学的力量!

问:当年人们认为狭义相对论很抽象?

答:那是因为时间抽象。抽象的对象,决定了使用抽象的方法。现在,狭义相对论成了物理常识。因为研究时间、空间和引力,还有更美妙的广义相对论。

问:世界上有这么多现象,为什么研究时间和空间偏偏关注引力?

答:广义相对论就是这样。实验肯定了广义相对论的正确性,我们就必须认为,引力处在非常基本的位置,在大自然奥妙的极深层。物质的引力运动和热运动,把时间的本质表现得最显明。

问:如此说来,了解时间,必须借助物理学,特别是关于引力和热?

答:是这样。

问:你的流出的时间理论(以下简称流时论)也是这样吗?

答:似乎只有这么一条路。

问:你的理论现况如何?

答:流时论采用还原论的方法,把时间归结为物质颗粒。一个物理理论,必须先有正确思想,然后才是用数学予以定量化。进一步解释以往物理事实,重要的是预言新的物理事实,最后是实验证实预言。这就是暂时的成功。如果实验反驳预言，那就是永远的失败。流出的时间理论是关于时间观念的突破性认识。我自己做了一些计算，但定量化还未完成。

问：你谈到还原论，什么是还原论？

答：有现象必有物质根源。一切事物都归结到一个物质根源，大归结到小。原子论是还原论的典范。当时原子没有来自何方的原因。万事万物都归结到一种或少数几种物质微粒。原子论完成了历史使命，它不是最后原因。它归结到“基本粒子”。流时论把时间和物质统一归结到“浪浪”。它们都来自“浪浪”。流时论也不问“浪浪”来自何方。

问：你关于时间的还原论的思想，定量工作还不完善，你的信心何来？

答：物理思想比数学定量化更重要。正确的思想反而使得定量化更简练。狭义相对论之前物理学的许多繁难计算，爱因斯坦因为认识到同时性的相对性，把已有的洛伦兹变换放在数学定量的中心位置，反而更简单了。

问：是否承认流时论的正确性只是将来的事情？

答：好像要幸运一些。首先，但不是最重要的，我看见了“更简单”，例如宇宙常数，它那么小，又偏偏不为零，以往的复杂的数学计算付出了巨大的艰辛，但问题还是问题，流时论自然而然地由理论自身生出宇宙常数这个存在，是那么小又偏不为零。如果事先不知道宇宙常数，这个小数目会显得很奇怪。

问：更重要的是什么？

答：流时论有一项简单的结果，似乎在发光的恒星和星系等等之外，宇宙绝大多数物质看不见，摸不着，但理论要求它必定存在。流时论自己招来了比星系等等还多的均匀弥散状态的总不肯结团的物质，流时论自己不知道这些无孔不入的物质在何处，理论错在何处，但是近年观测肯定了宇宙存在暗能量。这正是令流时论忧疑苦恼的理论多余物。侥幸！这使我信心大增。

问:你的理论有如此准确的预言,必定有美妙的前途。

答:不算预言,因为理论发表在后。

问:为什么不早发表,据我了解,完全可以提前40~50年。

答:流时论有点疯狂,没有规矩的杂志愿意发表。就是现在,流时论也需要突出重围。能解释宇宙常数,能解释暗能量,能解释高维存在等等,有了正面刺激。我在2007年和2011年出了2本书,有人关心了,形势大好!

问:两本书是《流出的时间》和《热与引力》,我看好这个理论。你的"浪浪"很新奇,我们从"浪浪"谈起。

答:"浪浪"确实处于理论的核心位置。希望能引起年轻才俊的兴趣。把时间说得明明白白,一反既往的言时间必定抽象和枯燥。不失真实,却能有几分生动,从而激起人的好奇心。知道是人性最高尚的部分。我要求助这个事实。

对话2　宇宙大爆炸是创世论吗

问:你关于"浪浪"的说法有点创世论的味道,你有什么说法?

答:现代宇宙学就是创世论。这个创世论是有观测根据的物理公式,是科学结论。再不是宗教的规定。大自然的存在是老一套,我们人类对宇宙存在有了新认识,这才是创世论的真正含意。

问:听起来有点哲学味道,科学与哲学是不是要平分宇宙?

答:哲学讨论是哲学家的事,但是物理学一再搅动上帝。讨论物理有时听着确实有些哲学味道。原子论当初更有这个味道。我们可以不去管它,只关心实际问题的解决。

要区分两种创世论:宇宙大爆炸的科学和上帝万能的宗教。

所有宗教都有神明创世论。宗教创世论是逼出来的。早年没有宇宙论科学,回答不了世界从何而来这个人人都想知道的问题。没知识,就用宗教信仰来填充。佛性就是知识。各种宗教的得道就是知道。最大的偶像掌管最后的知识。

有唯物倾向的人会说，世界无需创造，他本来就存在。但这不是一了百了，因为有人会问，为什么本来就存在？什么创造了“本来”？还给宗教留有路径。

最恰当的是物理学的回答。

“物质是原子构成的。”原子就成了古代认识的终极存在。至于原子由何而来，当时可以不关心。问为什么要有尽头，这是古希腊人的高明。2500年之后的现在，大哲人当初头痛的问题，中学生却会认为，原子是当然的。因为人类作为认识的主体，努力了几千年。

“物质是原子构成的”还是没有完全摆脱宗教创世论。认为原子来自上帝的创造是宗教，认为原子来源于另一个客观存在是科学。现代物理学证明，原子来源于亚原子粒子。

古希腊人把一种未知客体叫原子，现在我们认识到有一种新的客体必然存在，我们把它叫“浪浪”，编一个新名字。“浪浪”这个形声词完全没有什么含意，戴上新的物理帽子很方便。先做出存在判断，再逐步加深认识。

流时论说时空碎片来自“浪浪”，“浪浪”是我们的终极，与原子是古希腊人的终极完全相同。

中世纪的画家不给上帝画肚脐，因为上帝没有妈妈。古希腊的哲人不给原子“画肚脐”，我们也不给“浪浪”“画肚脐”。我们最多只是说，找到“浪浪”妈妈是将来的事。

“浪浪”之外我们不关心。

问：宇宙大爆炸对我们的谈话是重要的背景材料，请你谈一谈。

答：人类总想认识宇宙，好奇心不可抑止。在爱因斯坦开创广义相对论的宇宙学之前，哲学家代表人类对宇宙苦思冥想。之后由物理学家代表人类对宇宙观测和计算。大爆炸宇宙学有很可靠的观测依据，理论与计算符合得很好。让我们罗列证据：哈勃红移。宇宙重子物质氢核丰度与氦核丰度的准确比例。轻子族三代。伽莫夫预言的（接近）3K背景辐射。特别是背景辐射可能是黑体辐射的预言是如此的准确，当1992年公布卫星观测数据的时候，与会的

1000多名天文学家全体起立热烈鼓掌。宇宙大爆炸理论已成定论。凭空而来的上帝造宇宙的创造论更难立足了。

对话3　终极对象和终极理论

问:你说的“浪浪”是终极是什么意思?

答:“终极”一词有许多用法。我是指“浪浪”是终极对象。德莫克利特认为,原子构成万物。于是物质归结为原子。运动就是原子在时空中运动。马上就有一个人们习惯了的机辩:上帝创造了人,好吧,谁创造了上帝?宗教总是说,上帝是没娘的孩子。与此类似,人们会问,原子构成万物,什么构成原子?或者问,万物由原子来,原子从何而来?德莫克利特斩钉截铁地回答:原子是不可分的。实质仅此一句。就是说,原子是自己存在的。因此,原子是古希腊的终极对象。原子之前,不用关心。终极对象就是个出发点,此前一概不关心。

这个方法太重要了,从追索不尽的空话之中割出一块,使之成为确切的问题。有了确切的问题,算是前进了一步。科学就是用一步半步积累起来的。牛顿让他的时间也有终极的意味,尽管他明知这样是有困难的。爱因斯坦却认为这是牛顿伟大的地方。因为只有这样,牛顿力学才有建立的平台。他无法把时间研究透了再建立力学。

现代弦论的弦也是终极对象,因为弦论天天让弦给宇宙万物作养料,却从来不关心可怜的弦吃什么才能长大。这样会有一个起点。研究问题,宁可失之浅,不要失之深。浅会有尺寸之进,深会劳而无功。无休止地问为什么,企图一个理论穷尽大自然,“天理难容”!

问:人们所说的终极理论存在吗?

答:终极理论就是最终的理论,穷尽大自然的理论。这是终极理论的一种含意。这种终极理论一出,自然界的客观规律再没有任何秘密可言。就好像大多数物理学家 19 世纪末叶眼中的物理学一样,以后只是现场补足细节。或者像宗教或者像信仰中的理论那样,百发百中,放之四海而皆准。只要修行或实行就可以了。

就我自己来说,穷尽宇宙真理的终极理论我看不出有存在的可能。个人作为认识主体所存在的局限性是显而易见的,任何个人都没有穷尽四海的能力。人类作为认识主体十分绵长,但终有末端。假定存在无限延长的认识主体,终极理论也不可能存在。因为宇宙也有无限深层的秘密等在那里。

客观规律的无限性也是物质无限性。

另外,即使对部分规律的认识,也不是一下子能达成的,由浅入深的过程也可以是无限的。这是认识主体自身的局限性。面对宇宙的无限,人类的无限成了无穷小。

宇宙自身规律的无限性和认识主体自身的局限性都使得人类无法得到穷尽宇宙奥秘的终极理论。这一点使得我们感到欣慰,认识的大海永远无边无际,任人驰骋。

当然,我这里所说的无限性和局限性目前还只是一种观念。人类当初就曾认为平直的大地是无边无沿的。因此我们对自己关于客观认识的观念也应该客观一点。

问:终极理论还有别的含意吗?

答:有,例如把终极对象像几何公理一样作为出发点,展开成一个物理理论,符合实验并且正确预言了实验。终极对象被证明了,这个物理理论就可以算终极理论。它把它自己这一段事情做完了,后边再多是后面的事。原子论就是这样。

终极理论就这两种含义。我习惯“铁路警察管一段”的含义。

对话 4　你怎么想到了“浪浪”

问:你的时间观念最基本的特点是什么?

答:根本的观念是时间的物质性。用自身没有物质性的时间描写物质运动是不恰当的。

问:浪浪的想法确实离奇古怪,中外文献似乎也不见一点儿先驱性暗示。选择浪浪做理论出发点,你当初是怎么想到的?当然,我并不是怀疑它的正确性。

答:浪浪一开始确实不是作为什么科学概念进入我的大脑的。我们村子有一段拆剩的古城墙,就在我家南边的田地里。雨已把它上边淋成一个一个斯拉夫尖塔状,下边还结实地连在一起像面墙。年深月久,墙里和墙外根子上已严重剥落。里外都有离地大约半米高伸进墙根大约1米深的两道缺损。小孩子们钻进去在极细的土里捉一种叫盘盘牛的甲虫玩。口中唱着古老的歌谣,手在地上画着交织的圆和方,盘盘牛在划沟里躲逃。为什么画圆和方,谁也不知道。时间久了,就看这墙,墙上还有一粒一粒细土正在掉下来,慢极了,但人可以察觉。甲虫钻的细土和我们画咒符的细土都是城墙根一粒一粒剥落下来的。4米多厚的城墙根子只有2米多厚了。当时老城墙是我见过的最巨大的东西,它竟然这样无声无息地在化成看不清的小粒。年年、月月、日日、夜夜、时时、刻刻总是不停。无休无止地细碎剥落,给我的童年留下了如此深刻的印象,一想到时间流逝就想到颗粒,一想到时间是什么也想到颗粒。

时间是如此的强大,我总想弄清它。平面几何描写二维空间的量。但是时间无法展开成平面,照猫画虎的办法在初中试了多次也就放弃了。

初中老师讲原子分子论,说了一个证据:煤分子会扩散进土里边。那时正是三年困难的初级阶段,农村人用煤虽少,但煤底子在家里还是可以找到的。我按老师的说法挖了一个小小的垂直断面。上层的土全黑了,下层的土还依旧是纯净的黄土本色,由黑而黄的过渡参差不齐,但颜色的变化趋势是明确的。这又是一个永远不能忘怀的印象。以少年的好奇心,急于模仿和草率,不久我就“明白了”:“噢,时间也有原子!”

我以为这就是老师提倡的举一反三。古希腊的原子论阴差阳错地解释了我关于城墙根掉落的童年观察。当然,我后来知道,古希腊已有时间原子的想法,但还没有时间原子的物理学。然而,我自己有过的时间原子的想法却不可能忘记。关键是与前人大不相同。

那时的人识字不识字,都会顺口说:"学会数理化,走遍天下都不怕。"社会上还流行着旧社会传下来的重科学倾向。在 20 世纪 50 年代当时积极向上的社会气氛中,少年儿童无意间都在向这个方向固化自己的世界观,胆大的还想一试身手。我有个从小学一起考进初中的同学,拿着平面几何课本说,"定理让他们发现完了。"很有迟到的遗憾。很意外,我觉得他胆子太大了。

那时青少年中间心向科学的热情达到了顶峰。

问:你也有很高的科学热情吗?

答:是的。那就是信科学,学科学,想科学。不信非科学的观念。当然也有偏颇,数理化才是科学,语文历史受冷落。有点坐井观天。确实,那是个年轻人热爱科学的好年月。

问:浪浪消解出的时空碎片就是你说的时间原子吗?

答:时空碎片这块小而又小的物质颗粒,就是时间原子。当然,这是把朦胧意识加以整理得来的。但是我肯定不把时空碎片叫时间原子。

问:为什么?

答:我心目中的时间原子必须是物质小颗粒。我的时间原子不能与物质分开。古希腊人有了物质原子,又有时间原子,两者各自独立。这是 1905 年之前,更是 1915 年之前(广义相对论发表)的时间观念。时间原子与均匀流淌的时间确实有很大的不同之处,但他们认为时间与物质相互独立则是相同的。因此,我不得不创造出时空碎片这个词。毕竟,在我童年的感觉中,老城墙根掉下来的既是黄土颗粒,又是慢吞吞的"时间碎片"。

问:时间碎片已经与时间原子有了区别,为什么你把它叫时空碎片?

答:确定为时空碎片更科学,更全面。往后的逻辑展开就要表明,时空碎片确实包含了空间与物质的关系。

问:你的时空碎片为什么一定要扯上叫作浪浪的存在?你的终极存在为什么不选时空碎片?这样不是更简洁吗?

答:因为时间的单向性,时空碎片再也不会回到浪浪了,这就是时间单向性。时间单向性是时间最本质的特征。没有单向性的时间其实不是时间。毁灭一切、生出一切的力量,就来之于时间的单向性。时间单向性要求存在具有浪浪性质的客观事物。

问:除了幼稚的"物质加时间原子",关于时间你主要还受过哪些别的影响?

答:我从相对论学习时空必定与物质相关的观念。从量子力学学习量子涨落和还原论。从卡鲁查-克来茵理论学习物理的而不是数学的高维概念。对相对论的印象太深了,我必须以它为出发点。在那个年月,我把恩格斯和列宁的许多话都背过了,我欣赏他们的唯物主义。综合这些,体察先贤,把我自己关于"物质加时间颗粒"的童年观察明确为时间物质化的原理:时间是物质的唯一运动。

时间太常识化了,一旦学习,旧的时间观念就会进入我们的大脑。儿童完全无知的好奇心,或者说没有经过洗脑的好奇心,才会有"物质加时间颗粒"这样不知顾忌的时间观念。

问:这些对你的研究方法有影响吗?

答:有。例如我对还原论的理解。我相信越是基本的东西越简单。性质越普遍,规定越少,关系越单纯,表达相关量的数字越明晰。相反,复杂则是迷失或者没有抓住要害。越复杂,规定越多。显然,时间是最基本的自然现象,应该简单。但是越简单的东西越是抽象。规定性越少越难把握。时间几乎简单到说不清,抽象到无法关心。这些在理论展开中都能感觉到。

问:看来知识是最美好的道德,谬误是最有害的无德。

答:量子引力的最大阻力来自错误的时间观念。谬误甚于无知。

问:有了时间的物质性观念是第1步。第2步是你自己现成的时间颗粒。第 3 步,上升到物理概念的时间颗粒应该是什么样子,你当初是怎样想的?

答:由狭义相对论,物质与能量是完全等同的。我们知道,世界上除了能量,什么也没有。能量这个概念把物质和运动全包括了。我把宇宙的一切都放进"时间是物质的唯一运动"这句话里了。这个时间原理成了逻辑出发点。探索时间颗粒的时候,有两个原则:第一,时间的单向性。第二,时间与能量合体。一种颗粒性或分立性的存在,是时间又是能量,就好像你说树叶是绿的,又说树叶是圆的,其实是同一个树叶。刻意安排既是时间又是能量的时空碎片,使我认识必定存在时间原理:时间是物质的唯一运动。

问:请用一句话概括你的发现?

答:我的发现是时间物质化的具体模式。我把它叫做流出的时间理论。

问:时间物理有了新突破。可以这样认为吗?

答:我坚持这样认为。相对论打破了时间与物质两相独立的时间观念,是对两千五百载的突破,并到此止步,流时论却从此出发。但是我多年找不到理论定量化的数学手段,使我自己游移不定,莫衷一是。改革开放以后我的眼界为之一宽,原来那么多人都关心时间,我很高兴时间物理是科学。我觉得宇宙学、粒子物理和弦论的晚近发现都有支持我的物理事实。我觉得理由更充分了。我相信我的时间观念会对弦论有益。反过来,物理学最强大的数学团队一旦耕耘流时论的田地,会得到决定性的收获。

对话 5　相对论的启示

问:你从什么时候开始学习相对论的?这应该是你的时间颗粒带上科学气息的发端吗?

答:是的。大学一年级的第一个假期是 1965 年 1 月。我知道我没有火车票回家,没放假就借了相对论的书看。最先看的当然是科普介绍。假期才拉开架势看正经本子。大学一个学期5门课，算下来净时间一门课也不过一个月左右。一个假期按时间当然可以攻一门课。其实真干起来，才知道自己补数学太狼狈。

值得说几句关于科普书的话。我同意费曼关于科普书必须传达学说真意的要求。但就我自己的体会，几近胡说八道的科普也有另一面，会给予人《西游记》式的离奇吸引力。看了正式本子，比较之下当然会发笑，再不想理胡说八道的通俗。但是，科学必须有念真经的生动的科普书，社会却不必刻意反对一些科普书大闹天宫。廉价的吸引力也是吸引力。有激发好奇心的吸引力就很值得了。

问：广义相对论发表之后有半个世纪的休眠期，期间物理学家不懂广义相对论是正常事。20世纪60年代初那样沉寂，你为什么要独自单干？

答：不知为什么，当时相对论最有名。可能是返老还童太离奇了，我当时完全不知道行情，简单地出于好奇，完全没有研究方向之类的概念。当时也完全没有想过我有能力搞什么研究。平时功课太忙了，“要对得起父母”是我学习用功的动力之一。这个想法是中小学的贫困压出来的。但是我在心里给我说，既然假期无法在家劳动挣工分，我就自己支配时间。“读书”就是学习课本，课本之外，假期我可以看看稀奇。当时很马虎，觉得学习课外的数学和物理跟看电影、滑冰、打篮球没有什么不同。当时的红专气氛，更不可能想到搞什么研究。我们都很忠诚。

问：当时你好像很入迷，为什么？

答：狭义相对论一开篇就讲，寻找以太，很离奇。几步就大讲时间。同时性的相对性是最新鲜的，做梦也想不到的离奇古怪。对我个人来说，当然免不了要想到时间原子，觉得这一下子才找到地方了。认为几何是讲空间的，相对论是讲时间的。我个人的兴趣之大可想而知。

问：相对论相关的数学你怎么学习？

答：从大一的第二学期开始，也顾不得课内课外了，反正我考试有个好成绩就行了。大二的第一学期还在学校,有图书馆。第二学期学校安排去搞社教,当工作队员,与贫下中农同吃、同住、同劳动,在实践中学习毛泽东思想。这是教育改革的重大举措。当时我带了一本从前苏联译过来的大本子,柯青著的《矢量分析与张量计算初步》,我当工作队员很自主,不敢旁顾,专心看这个书。看书花了我大部分时间,因为我很快就觉得社教似乎空洞无物,我本来就会种庄稼。当然嘴上还是和大家一起极度美化。我就是这样带着物理问题攻数学。

社教还没有完成,文革就开始了。

问:文革不上课了,对于你是不是个学物理的好机会?

答:一开始参加文革是认真的,你是知道的。文革就是造反。很快我就有想法了,我在脑子里总抹不去跪着造反这四个字。我觉得有独立思想的人是苦恼的。这样一来,文革也许是个机会,但丢失的机会可能更多。总的感觉是,大学生们各人都在自己学习。如你所知,门第、机会、能力排序之说对一般人多少是有些苦味的。自己努力是同学们无言的共识。

问:让我们作一个小结。你学习相对论,可以用一句话表达你的心得吗?

答:时间的物质性是时间的基本属性。就是这一句话。

问:时间的物质性是你从爱因斯坦学来的,时间的物质化的具体模式就是你建立的流出的时间理论,这个过程也可以总结出一句话吗?

答:由时间原理可以逻辑严密地推出,既是时间又是物质的时空碎片必定存在。

对话 6　爱因斯坦论时间的物质性

问:你说时间的物质性是你从爱因斯坦学来的,请你讲一讲具体情况。最好先介绍相关文献。

答:说明白爱因斯坦把这个观念表达在哪些文献里?这会说明他的重视程度,而重视程度又说明物理学要求发展时空观念的紧迫性。

爱因斯坦独自写的书有两本,一本叫《相对论的意义》,一本叫《狭义与广义相对论浅说》。20世纪60年代初都有中译本。这两本书的内容是平行排列的,只是到结尾后者比前者多出"相对论与空间问题"。多出的这个部分叫附录五(1964年译本)。1964年译本是胡刚复先生校的,就是为热力学造了"熵"字的胡先生。虽然两本书平行发展,但各有特色。前者给出严格的数学推导,后者通俗阐明物理思想。例如都排在书首的"狭义相对论"这个题目之下,前者把光速恒定原理和相对性原理作为逻辑链条的出发点,像欧几里得的平面几何的公理那样的位置,严格展开了狭义相对论的数学体系,高雅之极。后者则给出信号与火车的思想实验,把同时性的相对性说得明白如水。我们天天面对的时间,竟有如此奇妙的深奥。两本书共同强调的还有四维时空的闵可夫斯基世界。这些都是时空认识发展的重大进步。

再例如,同样在"广义相对论"的题目下,前者从等效原理和广义相对性原理出发,一个一个公式作为逻辑链环,一口气推出了引力场方程。后者则着重讲"物质告诉时空怎样弯曲,而时空告诉物质怎样运动"的思想。两本书并不重复。

爱因斯坦写的这两本物理书的相互呼应,好像巴尔扎克写的《人间喜剧》小说,一本书中的人物,在另一本书里有全新的侧面,却都是同一个活灵活现的人物。

问:爱因斯坦在《狭义与广义相对论浅说》里评论了几何是时空观念的一部分,请你谈一谈。

答:《狭义与广义相对论浅说》开篇题目就是"几何命题的物理意义"。

爱因斯坦干脆认为"欧几里得几何学的命题就归结为关于各个在实践上可以视为刚性的物体的所有相对位置的命题。作了这样补充的几何学可以看作物理学的一个分支”。就是说，几何的真实性由实验判定，而不是传统的由公理判定。无论对不对，爱因斯坦就是这样说的。

这种观念罗巴契夫斯基已有明确表达，高斯更实际测过大三角形的内角和，黎曼也从实际物质运动理解几何的真实性。爱因斯坦把在天堂里一尘不染的几何降到了地上。因为不这样做，旧的时空观念就无法打破。

问：我注意到，前边你特别提到《狭义与广义相对论浅说》比《相对论的意义》多出一个附录五：《相对论与空间问题》。请你谈谈附录五。

答："时间的物质性"观念就在《狭义与广义相对论浅说》的这个附录五里。作了前边的铺垫之后，在附录五的"广义相对论的空间概念"一节里，单刀直入，完备地系统地准确地阐述了他自己的时空观念。附录五是《狭义与广义相对论浅说》第十五版时加进去的，时在1952年，爱因斯坦已73岁。爱因斯坦重视这个附录，特意为第十五版写了说明，说明不多几个字，全用来介绍附录五。附录五是爱因斯坦时空观念的全面总结。虽附在科普书之后，却是沉甸甸的。连行文方式也是严肃的哲理，没有一丝一毫的通俗。一听到哲学就时髦地摇摇头，或者在哲学上浪费时间，都不是实事求是之法。

爱因斯坦想牢牢抓住时空的物质性。他当时只有广延性一个办法。这条路他总是没有走通。

从1915（发表引力场方程）~1955年（爱因斯坦去世）整整40年。按一些人的说法，这40年爱因斯坦主要做了两件事，一是用极复杂的数学手段发展统一场论；一是绞尽脑汁思考时间和空间。好像都没有什么成功之处。人去事息。有人讲，这40年的物理是没有爱因斯坦的物理。现在四大力的统一和时空的研究都很火，爱因斯坦太超前了。

像爱因斯坦这样聪明的大人物也困守在高山坚城之下几十年，可见时空之难。

爱因斯坦的时空观念是作为未竟之业留给后人的。对附录五的安排说明了这个意图。

问:爱因斯坦就好像一架大功率的思想机器。爱因斯坦终其一生都在研究时空观念,特别是最后四十年努力,还有未竟之业。四十年努力,得璞不易,未雕之璞,以附录五留给后人。可见我们熟悉而又熟悉的时空观念该有多么抽象! 你现在可以谈关于“时间的物质性”本身了。

答:好的。时空观念的难点就是太抽象。时间的物质性观念却大大降低了抽象性。

《狭义与广义相对论浅说》的“第十五版说明”,明确把附录五作为 1905 ~ 1952 年大约半个世纪现代物理关于时空观念的全面系统的总结,并且是这个总结的准确表述。“第十五版增加了一个附录——附录五。在这个附录中阐明了我大体上对空间问题以及对我们的空间观如何在相对论观点影响下逐渐改变的看法。我想说明,空间—时间未必能看做是以脱离物质世界的真实客观而独立存在的东西。并不是物体存在于空间中,而是这些物体具有空间广延性。这样看来,关于‘一无所有的空间’的概念就失去了意义。”全部说明就这么多。而附录五也只有 11 页。哲学的深奥占去了主要部分,物理的直观作为素材,简单地表达成了 2 个数学公式。

“一无所有的空间,亦即没有场的空间,是不存在的。空时是不能独立存在的,只能作为场的结构性质而存在。”这就是附录五的结论。爱因斯坦从不单独谈时间或空间,总是统一谈时空。

这里要特别注意广延性概念的发展。

从箱子和其他刚体的广延性看到的时空的物质性,现在更可靠了。而且现在引力场、电磁场作为物质的物理真实性,与刚体一般无二。场对广延性概念的加强使得时空的物质性更容易认识了。因此,广延性概念的发展就是必然的了。当然我们这里很看重广延性概念的优点的一面。

问:好吧! 让我们跟着爱因斯坦的思路看看广延性的发展。

答:这个“发展”真抽象,相信可以讲得通俗一些。

远古以来的哲学家就不肯接受脱离物质而独立存在的时间和空间。这种时空观念被称为绝对时空观念而累遭批评。东西方哲学家讨论了几千年,学派多,名词多,学问好像没有多少进展。牛顿把时间和空间明确为独立于物质的客观存在。因为加速度是牛顿力学的核心概念。加速度一要用到时间,二要用到距离。由独立流逝的时间来记录相对于空间的加速度,因为有独立于物质的时间和空间而变得意义明确。时人批评有之。但“不当家不知柴米贵”,力学的舞台要紧,力学需要时空舞台。不可能等待时空观念正确了再发展力学。绝对时空观念是一个假定的起点。牛顿力学的成功,连绝对时空观念也深入人心了。

笛卡尔总结了古人今人的想法,把物体的广延性放在中心位置,他证明:物体有空间广延性,而不是物体存在于空间之中。这话的意思是说,空间是物体的广延性。或者说,空间是物体的性质。这是爱因斯坦的理解。还有一种理解,空间概念起源于物体的广延性。就是说,空间是一种概念,它的客观性一点也不明确,其间的差别是很大的。但是我们只取第一种理解就行了。

电磁场较早,引力场是爱因斯坦时代才明白知道的。爱因斯坦说,场就像我坐的椅子一样真实。那么,它有广延性吗?根据广义相对论,空间的度规,也就是空间的弯曲程度描写的就是场,没有场的空间不知为何物!爱因斯坦用了“充满空间”的说法。从“广延性”发展到“充满”,物质与空间更是密不可分了。这里也可以看出,物理学才是认识时空真理的动力。

问:关于时间也有类似的发展吗?

答:爱因斯坦在附录五中说,时间概念起源于外部事件有先后发生的顺序。他为了证明时间是客观存在的真实,而不仅仅是主观印象,他作了一个十分奇特的论断。他说,箱子的广延性证明空间的客观性,“同样,对于客观的时间概念的形成,人也起着物质客体的作用。”

这太奇妙了!

这是人存原理的极致!

问:爱因斯坦关于时空的物质性强调了再强调,但是总有一种感觉:他的时空观念却远没有你的流时论那么激进,那么直率,那么鲜明,那么大刀阔斧地大杀大砍,那样无情地把旧时空观念清扫一空。这是为什么?

答:前边我特别提到爱因斯坦场"充满空间"这个说法。"充满"这个词表达了爱因斯坦的一再游移。这是现在我们事后说话,早年的场景大不相同。虽有游移,20 世纪 60 年代我看这个附录五的时候,我读几遍觉得几遍都新鲜。激进、大胆、直率这些词在我脑子也多次浮现,那时离 1952 年才十几年。爱因斯坦明确坚持时间空间的物质性,但广延性这条路走不通。

而且爱因斯坦展开来谈时间很少,并且总是模仿他自己对空间逻辑链条的展开方式来谈时间。后人看前人总有话说。

问:爱因斯坦企图通过广延性认识时空的物质性,你似乎没有走这一条道,这是为什么?

答:因为广延性最终还是不能摆脱空无一物的空间概念。试想,箱子向内广延,向外广延,广延部分的物质性大有疑问,还可以是空无一物的空间。时间也一样。总之,存在独立于物质的时空。有了场,发展了广延性概念,会减弱这个困难。然而依旧是先有空间,场再来充满,无法彻底摆脱没有物质的空间。更何况场是否"密实"到没有"裂缝"或"空泡","充满"大有疑问。虽然如此,也是进步。但是为什么是物质与时空怎样结合?为什么不是物质与时空本来相同呢?这就是观念的突破点。

问:你怎样评价爱因斯坦的时空观念?

答:爱因斯坦是代表人类认识时间本质的第一人,并且在他之后再没有人关于时间踏出第二步。好比引力,牛顿踏出第一步,爱因斯坦踏出第二步。所谓步子,就是这个意思。

对话7 “时间原子”

问:假定我们大家现在都同意时间是物质存在,那么,你的时间图景是什么呢?

答:前边我讲了所谓“时间原子”以及浪浪的一些朴素想法,从现在开始,我们不得不让它们有一点学究气。不过不用担心讨厌的抽象。我相信我能讲得大家都能听明白,不论听明白后用于反驳我还是同意我,都没有盲目性。如果听不明白,那就是我自己还有不明白处。还是老话,听的人只要好奇和耐心。当然了,我这样做是为了要通破窗户纸。我再不用重复说“独立于物质的时间是难于想象的”之类的话了。我干脆说,时间是物质。再确切一点,时间是物质的普遍存在形式。但是,作为时间的物质又如何呢?

它可以是无限单纯的连续流体,分解到最后也是那种东西。它也可以是颗粒,是分立体,是构成万物的分立体。借鉴量子性首先以分立存在为前提的事实,颗粒是最自然的。各种方案中,我选择分立的颗粒。

我像所有平常的人一样,认为时间是不可逆的。我强调时间的单向性是时间最重要的性质。因为现代科学没有哪怕一个例子能证明时间有回头的现象。古人和我们大家生活中更没有回到过去的真实经历或者见闻。最重要的是,时间可逆会造成荒谬(见对话22的逆时间悖论)。于是我们可以肯定,确实有一种真实的存在,它是造成时间单向性的物质。物质是不灭的,光是说存在这种物质,并没有解决时间单向性的问题。因此,这种物质必定有一种行为,这种行为造成了时间单向性。物理直观这样明确地肯定了这种物质的存在,又肯定了它的单向性行为的存在。我们也就相信它是真实存在的。

这种存在物就是我们前边提到过的时空碎片。它的“行为”就是它一旦“生出来”,就再不回“娘胎”。浪浪总是消解出一个一个时间小段,时间小段只干时间向前的事情。

你一定注意到我的谈话有重复现象。我在前后几个地方用“时间原子”,用“物质加时间原子”来介绍“时空碎片”。我把这叫有限擦边的重复,因为重点难点都集中在时空碎片。

问:你是说时空碎片一旦从浪浪中消解出来,就再也不能回到浪浪?

答:是这样。时空碎片一旦消解出来,就再也不会回到浪浪,这是绝对的。单就“亲子关系”而言,它与浪浪再无任何关系。但是浪浪是逻辑推理的必然环节,现在还不到这个环节。提到只是擦边。

问:既然是时间物质,请你谈一谈物质。

答:物质是什么?牛顿把质量叫做物质的量度。物质的运动就是能量。有了相对论,质量和能量就是一个东西了,而且爱因斯坦质能关系式一再被实验精确证实。你无法区分一块石头有多少是物质,多少是能量。你更不能回答,物质与能量真有什么差别。我们的思维只好跟着变。什么正确信什么。因此,说到底,物质就是能量,能量就是物质。我们的时空碎片宝宝必须有一个结实的身体,它的真身只能是能量,因为能量最普遍。

问:你能否简单地说明一下能量的普遍性?

答:万事万物的变化,都可以归结为能量的转化。机械电子不用说是这样,连刑场的杀头,桌子上的狂饮滥醉,美妙的爱情等等,都是能量的转化。这样的列举没完没了,但并没有从本质上说明能量的无限的普遍性。让我们看几个等式:

一定量的热=一定量的机械功

热汽冲壶盖就是热在做机械功。热和机械功两个不相同的东西怎么能相等呢?它们根本就不能相等。这个式子里相等的东西,既不是热,也不是机械功,而是第三者,这就是能量。一定量的热包含的能量与一定量的机械功包含的能量完全相等,百分之百的相同,相同到你无法区分。

一定量的光能=一定量的电能

一定量的声能＝一定量的电能

世界上有多少种能量转化、就有多少个等式。等式显示了不同于左边也不同于右边的第三者，即能量。

这就好像古代大家都拿贝壳换东西，贝壳就成了最有普遍性的商品，也就是货币。金子银子都充当过货币。只有纸币最像能量，跟鬼魂一样的阳世怪物。能量是大自然的钱，只是没有货币形式。

到此可以放心地相信，能量是大自然最普遍的东西。

我们特别强调了能量的普遍性，并且对时空碎片的能量形式不加任何限制，就是为了时空碎片也有最大的普遍性，好满足时间原理对时空碎片普遍性的要求。

问：时空碎片与能量是什么关系？

答：时空碎片就是一团能量。请想一想，时间该是多么普遍的东西啊！这样一来，时间的普遍性才得以保证。现在，在我们面前有一个客观存在，它既是一小段时间，又是一小团能量。它到底是什么呀？

问：对呀，它到底是什么呀？

答：说一片树叶是绿的，又说这个树叶是圆的，它到底是什么呀？事物就是这样存在于一个统一体中，又不肯安守本分，好与我们的聪明为难。我们也有办法。我们干脆就把它叫时空碎片，制定一个概念把握它。当然这让人很不放心，也很不舒服。认识锋芒好像遭受了挫折。其实世上的事大都如此。我们只好在它以后的行为中体察它，理解它，把握它，想它个明明白白，否则不肯罢休。现在看准就行。但是要注意，我们必须要及时奖励自己，明白一部分有个新概念，我们一定要说自己有进步。千万不能等到把上帝手稿全部偷看完毕才说“有一点儿进步”。虚无主义与自满一样有害。

为了降低各位疑虑再说几句话。

我们面前有一个存在，我们叫它苹果。它是圆的，它是红的，它是甜的，它是树上结的……图灵用它自杀，王洛宾用它唱姑娘的脸……因为苹果是一个具体的物品，儿童不对它作哲学分析也可以咬它一口，成人也没有必要完全精通关于苹果的肠胃动力学之后才吃苹果。但是，时空碎片没有直观性的优势，即使由物理事实从逻辑上证明了它的存在性，因为看不见摸不着，就是因为和苹果差这么一点点，它的真实性总使人不放心。使得我们不得不努力证明时空碎片的存在，却没有人费心给普通人去证明面前这个又大又圆的苹果的存在。为此我们必须强调逻辑上不可避免的概念。

问：我们应该有这样的思想方法。看见树叶动，就想到了风吹。因果链条比钢铁还要结实，你是这样想的吗？

答：只有这样认识才能进步。说水分子是氧原子和氢原子组成的，谁钻进水分子里边去看了？即使后来有办法看见，当初也不是靠看，发现水分解后氧与氢的重量比总是8∶1，水分子是由氧原子和氢原子按确定方式组成的就成了必然结论。有人不信归不信，但是正确的认识在此有了进步，同样是铁的事实。不信真理的场合很多，不能因此说真理不存在。

量子力学更是如此，实验结果总是引导人的大脑得出必然结论，不管这个脑袋长在谁的身上。粒子的行为是概率性的，并不是说没有因果。确切的概率数值就是因果链条。如果没有因果，为什么能有概率规律？为什么电子不乱跑？为什么电子不突然变成半个？大自然教我们机械，我们就学机械，大自然教我们量子概率，我们就学量子概率，我们完全不必费神用人类的顽固脑筋强跟大自然闹别扭。

问："时间原子"必然存在，它就是时空碎片，你能几句话把你心爱的时空碎片描绘一下吗？

答：可以。首先，时空碎片是存在的，这是最重要的。其次，因为无论什么东西，小到粒子，大到太阳和星系，鲜艳如花朵，灵秀如人类，万事万物都有时间性质。因此，万事万物都与时空碎片有关系。这是时空碎片的第二个性质。我们的逻辑链条展开到此，目前能说的，就只有这些了。

问：好！时空碎片是真实的了。是时间，又是能量。是最普遍的存在物。但是为什么加上个“空”字你还是没有讲，它与空间有什么关系？

答：前边我们大致上都是分析。讲我们的朴素想法，讲我们的时间原子该是什么样子。后边我们要用理论方式加以综合。我们要贡献出一个原理式的理论，然后才好回答这个问题。

对话8　需要建立一个原理性的时间理论

问：你说你要建立一个原理性的理论，请你讲一讲，原理性的理论有什么好处？

答：玻恩在1955年谈广义相对论作为理论形式的妙处说：“它把哲学的深奥，物理学的直观和数学的技艺令人惊叹地结合在一起。”爱因斯坦把物理理论分为原理性的和非原理性的，这里我们只关心原理性的。我们在前边介绍《相对论的意义》和《狭义与广义相对论浅说》的时候，就讲了狭义相对论与广义相对论的逻辑结构模式。它们都像数学体系一样，从几条原理（公理）出发，展开的逻辑链条就是理论本身。玻恩的评价，更像白居易诗描牡丹，好看之间还露出灵气。

量子力学也是原理性的理论。量子三原则就是它作为出发点的原理。这3个原则，第一个讲一个粒子从一处到另一处的概率可以用一种叫做概率振幅的东西精确地加以定量描写；第二个讲概率振幅的和；第三个讲概率振幅的积。这三个原理好像从电子的双缝干涉实验中直接画出来的，真实性自不待说。不过，相对论一开始就是从原理脱胎出来的，量子力学跟着实验变来变去，理论一边成熟，一边追寻原理。确实没有相对论那样干净利落，接触的人无不惊叹相对论的精微，结构恢宏，简洁美妙。物理概念清晰得美妙，数学手段入神地美妙，左看右看都是美妙。但是，量子力学的量子三原则也是以一贯之，在任何一个细节都贯彻得相当坚决。以致可以认为,山变了,海变了,天变了,地变了,科学发展把旧理论全都改头换面了,量子力学还会完整地被承继下来。物理学对它(她)必定是“海枯石烂心不变”。

可以看出,原理性理论的“刚性”是最好的。说事最明白。千锤百炼的原理被逻辑展开成公式,公式当然在描写物理真实。原理性理论会展示出意想不到的新的物理内容。

问:关于时间的原理性理论有什么优点?

答:越是抽象的概念,越需要理论的刚性。对付时间概念,必须有强有力的理论体系。没有这个体系,是时间总使人迷惑不解的原因。我老是想,理论像一个笼头,帮你套牢物理真实的烈马。或者更像捞鱼的网,帮你网住溜滑的泥鳅。理论的这种功效,从哲学、逻辑或认识论的角度看,大有意趣,我们只用它的功效,其余自有人研究。

问:我很奇怪,爱因斯坦为什么没有总结一个原理性的时间理论?

答:我找到了原因。爱因斯坦在他视为最后总结的附录五里说:“但是关于存在着无限多个做相对运动的空间的观念则是现代科学兴起以后的思想。后一观念在逻辑上的确是无可避免的,但是这种观念甚至在现代科学思想中也远未起过重要的作用。”爱因斯坦是在讨论了大小箱子里的空间随箱子作相对运动之后说这番话的。现代科学指相对论和量子力学以及与它们相关的各理论。显然,爱因斯坦指望后“现代科学”用上这些时空思想。后“现代科学”可以理解成量子引力。因此我们必须建立强有力的时间空间理论。事实是,流时论中说的高维卷缩结构正是爱因斯坦说的相对运动的“箱子”。

问:建立原理性时间理论的原理你现在有了吗?

答:有了。

对话9　时间原理与时空碎片

问:你要建立一个原理性的理论,请你谈一谈你当初的建设规划。

答:至此,我把“时间原子”讲了两遍了。第一遍,儿童的幼稚想法。但是已不是单纯的时间,还有物质。实质性的一步已经走完了。第二遍,用了“时空碎片”这个词,更准确一些了。坡度小的路好走,好像公路上山一样,一个坡太陡时不容易上去,我们把它建成好多“之”字形的小坡,上坡容易多了。这一回是第三遍,这一回时空碎片是作为理论体系中的理论概念这样的档次来讲。拐来拐去不知不觉就上山顶了,但愿“一览众山小”。

问:因为你的苦心安排,一定会既通俗又准确。请接着讲你的建设规划。

答:我们一直在跟诸如时间、空间、物质、运动、能量这样的物理对象打交道。必须用事物的概念来认识事物,人的大脑就是这么行事的。但是这些物理对象的概念,一个一个就像泥鳅一样溜滑,看得见,感觉到,就是抓不牢。它们互相交织,如果想利用它们的相互联系来套牢它们,那等于用一个泥鳅去捆绑另一个泥鳅。无法给它们下定义。它们每一个都是最大的概念,这是造成难于掌握它们的原因之一。因为下定义是把小概念放进大概念之中。有了动物概念,富兰克林就定义,人是会制造工具的动物。概念人比概念动物小。现在找不到比概念时间更大的什么概念。空间、物质、运动、能量也一样。因此费因曼说,我们不知道能量是什么。他是人类有史以来的大物理学家之一,如果是中学生考试给老师这样答卷,可能要吃鸭蛋。这就是目前我们面临的困难。

问:在你的流出的时间理论里,这5个概念好像不是平起平坐的,这与套牢它们有关吗?

答:有。经过推敲,这5个概念在逻辑链条上的地位确实有差异。大自然给了机会,认识到就利用它。牛顿定义质量是物质的量。因为狭义相对论的质能关系和相应的许多十分可靠的实验,证明物质的量与能量可以等同。用物质可以量度能量,用能量也可以量度物质。物质和能量直接是等同的。我们可以把5个泥鳅变成4个。哲学家老是说物质与运动不可分离,有了相对论人们才真正认识到这个猜测。我们会经常使用能量一词,不过有时也混用物质一词。由于语言习惯的原因,在某些语境,它们一个比另一个语意感觉更鲜明,其实没有本质差别。

在剩下的4个里,我认为时间其实在最高位置上。于是就试了各种可能,觉得最自然,也最优雅,美的东西可能更真实一些。

问:请谈一谈你的具体做法。

答:我假定存在一条时间原理:时间是物质的唯一运动。这个原理把时间、物质、运动捆绑在一起了,时间处于中心的位置。

这个原理保证,物质的任何运动都是时间过程。实现时间过程的,就是时空碎片。因为再小的东西都有时间性,时间颗粒无法很大。因此任何运动,都归结为时空碎片的行为。时空碎片的基本性质保证时间原理,正如我们前边说过的,时空碎片既是时间段,又是能量团的一个小分立体。可以想像再没有比这样的时间更短的时间了,再没有比这样的能团再小的能量了。给定颗粒,时空碎片都比它小。

我们一定要避免凭空创造之类的怪事。时空碎片从何而来必须合情合理。而且可以相信,由于时空碎片的物理真实性,它的来源也必然有无可置疑的物理真实性。这在逻辑上是不可避免的。我们只好给这个来源起个名字,例如叫它“浪浪”。我们准备赋予浪浪一系列性质,因此上选择这个没有含义的形声词,好“乘虚而入”。

问:浪浪在楚辞《离骚》就出现过,后来又被曹植借用,对吗?

答:但是谢天谢地,它一直是形声词。《离骚》说:“揽茹蕙以掩涕兮,沾余襟之浪浪。”曹植《洛神赋》说:“抗罗袂以掩涕兮,泪流襟之浪浪。”浪浪都用作形声词。

如果由浪浪的存在性再向前推，这样没穷没尽的事谁也办不成。我们目下只好把浪浪当做终极存在，或终极对象。坚决不再向前推了。要上推到浪浪这一步，是因为时空碎片一旦消解出来，离开浪浪，就再也不回到浪浪。时间的单向性要求有这个机制。我们只要记住浪浪的消解元会消解出时空碎片就足够了。

时间、空间、物质、运动、能量共5个概念，每一个概念都是人类认识关于大自然的一个模型。它们也都是认识大自然的历史过程。这5个概念是在原子论和绝对时空的大前提下形成的。物质就是原子。运动就是原子在绝对时空中运动。能量就是原子运动的量。物质、运动、能量永远不灭，时间、空间也不灭。但是物理学进展使我们必须改变这五个模型，现在只剩下4个了。时间原理又捆绑了3个。后边我们就会看到，这种捆绑使得可以用时间和能量把运动概念完全替代。

问：你的浪浪实际上是在消解出能量，这与能量守恒定律矛盾吗？

答：能量守恒定律是不可动摇的。能量守恒定律的本质是说，能量不能消灭能量，能量也不能创生能量，并以此为限。这里没有能量创生能量的过程。我们只是由时间的性质，讲出一个不可避免的事实。就好像我们看见了苹果树说："苹果树结苹果了。"至于为什么结？怎样田间管理等等，我们都不关心，我们只报告一个事实，"结苹果了"。浪浪是我们的终极存在。（当然，我们不会利用终极存在这个概念引出违反事实的判断。）宇宙大爆炸至今仍是终极对象。大爆炸创造了宇宙，动力从何而来？物质从何而来？当初什么力量把中子（伽莫夫原型）压得这么紧？在这之前是什么？之前的之前又是什么？这些问题，伽莫夫的宇宙理论都没有回答。他说的只是大爆炸这个段落，符合事实就可以了。回答一切的理论不可能存在。

对话10　本底时空元与本底时空

问:时空碎片与浪浪的关系,你能说得更具体一些吗?

答:一个浪浪的一个消解元完成一次消解,所得的时空碎片都是一些时间小段,这些小段鱼贯排列或相互重叠排成时间,每一个小段方向必须与消解的总方向相同。即保证时间的一维性质。如果某几个小段向后倒,时间就会在过去和未来之间发生"振荡",不知道是什么东西。每一个时间小段也不能与消解的总方向成一个什么"夹角"。破坏了一维性,也不是时间。我们看得出,时间好像无数个小箭头,都指向未来,汹涌前进。于是,一个"浪浪"的一次消解会产生一个更长的时间小段,这个新的时间小段包含的原来的每个时间小段对应的小能团,也合成了一个新的小能团。新时间段和新能团是一个统一的分立体,我们把它叫做本底时空元。请记住,浪浪的最终消解产物是本底时空元,不是时空碎片。

由于避免用符号表示,我在这里临时编造了新时间段和新能团两个名词,以区别于时空碎片的两个名词:小时段和小能团。

问:浪浪消解出时空碎片的能量和时间从哪儿来?扔出一个篮球总得费点能量和时间吧?

答:那是浪浪的自身行为,我们不关心这件事,我们只是假定,它与消解出的时空碎片再没有任何关系。到此,时空碎片的来源就清楚了。

问:我们一直只谈时间,时间与空间是不可分的,为什么你一直没有谈空间,更没有谈时与空的关系?

答:现在我们的理论链条上出现了本底时空元,准备得条件可以了,就好谈空间了。

因为我们的时间原理不承认任何非物质的时间,不承认"非物质的空间"在逻辑上就是不可避免的了。本底时空元只有新时段和新能团,因此,必定是新能团具有空间性质。就是说,我们认为空间也是物质,或者是物质的存在形式。

关于新能团具有空间性质,是我们从时间原理推导出来的逻辑结论。其实为了证明空间性是能量的本性,我在《热与引力》一书用了很大篇幅,从平方反比定律(牛顿引力、静电库仑力),麦氏方程、引力场方程等等直接证明能量的空间性,这样一来,我们就可以放心地得出结论:空间性是能量的本性。

问:这里头绪有点多,你能否作一个小结,使得脉络更清晰?

答:好。我列出一个账单,只有两笔小账:

时空碎片 = 小时段 + 小能团

本底时空元 = 新时段 + 新能团

第一笔账:小时段排成了新时段。

第二笔账:小能团累积成新能团。

小计:时空碎片凑成了本底时空元。

注意"小账"只是个比喻,没有"树叶 = 绿 + 圆"的。能勾起对前边的条理回忆就行了。

问:最小的时间元是什么?

答:是时空碎片的小时段。

问:最小的空间元是什么?

答:是本底时空元的新能团。

问:这样一来,时间与空间就不是平等的了。

答:是的。这是时间原理造成的,这就是我们为什么在前边先谈时间,较晚才谈空间。

问:都是能量,为什么时空碎片的小能团没有空间性质,偏偏要等到凑成较大的新能团才具有空间性质?

答:确实如此。这里有一个难点,恰好又与理论的重点相重合。其实话不多,难就难在有点抽象。好在我们前边在对话6"时间原子"里讲时空碎片的时候,好像写小说的人那样,已经埋下伏线,反复强调过时空碎片的小能团要有最大的普遍性,不然就会破坏时空碎片的普遍性,这样的碎片就不能描写时间原理。大家都知道,规定越少,越是普遍。小说是人为安排,我们是遵循客观自洽。

什么是小能团的普遍性呢？对小能团不能有任何规定,只说它是能量就行了。例如,如果规定它有空间性质,这就否定了它的普遍性。

时间原理要求时空碎片的小能团不能有空间性质。

但是,小能团变成了新能团,新的物质结构当然可以有新的性质,一旦对新能团没有了限制,按时间原理新能团当然有空间性质。这就好像电子、中子没有化学性质,与质子组成原子,就有了化学性质一样。新发生的事物,应该有新的规律。本底时空元是表达能量空间本性的物理实体。

问:理解抽象的东西使用比喻会大有改善。你能不能再给一个回答,让人有个选择,哪个回答好理解就走哪条路！真理总是相通的嘛！

答:也可以改变一个角度看这个问题。如果小能团有空间性质,那么新能团就会有维度结构。但是维度结构是浪浪消解产物的行为,不是浪浪的行为。小能团有了空间性质就会在浪浪之中造成维度结构,这与时间原理是相背的,就好像鸡蛋可以孵出小鸡,但是不能在母鸡肚子里用鸡蛋孵小鸡。

有一种看法,认为前边的小能团隐含了后边的新能团的性质,新能团的空间性质可以在小能团中找到根源。这好比说,硼以后的元素是在恒星炼狱里爬出来的灰烬,由此是否可以寻找人在太阳上生活的蛛丝马迹。这样的逻辑太激进了。

问:时间与空间地位并不平等,原来根源在此,是这样吗？

答:正是这样的。

问:现在,你已经说明白了,前边把"时间原子"叫时空碎片,是因为不光它自己有时间性质,它摇身一变,变成本底时空元,连空间性质也有了。是这样吗？

答:是这样的。

问:现在有了时间最小元:小时段,有了空间最小元:新能团,再没有小到零的空间点，没有短到零的时间长，也没有短到零的空间距离，物理学的时间和空间怎么构造出来呢？

答：我们设想，有许多许多的本底时空元，这些小分立体像海洋一样，我们就把这些小分立体的海洋叫本底时空。本底时空没有小到零的点，也没有短到零的时空距离。它是物理学所要求的。本底时空元太小了，本事大就凭了个数目多。我计算了本底时空元的能量与时间的乘积，竟然比极小的普朗克常数还少许多许多倍。见附录5。空间就是这些小的物质颗粒。太小太小了，稀泥抹光墙，因此空间好像是连续的。我们平常谈到空间，很少会想到它有这样的结构。现在我们知道了，我们平常说的空荡荡的地方，就是本底时空的空间。如果没有这些本底时空元，连空荡荡的虚空也没有。

问：你所说的"空间是能量的本性"就是这样吗？

答：本底时空元是一切能量的基本构成物。在这个意义上，是能量一定要撑成空间。本底时空元撑成了本底时空，并且撑成三个伸展的空间维，与一个伸展的时间维共同构成我们所熟知的四维时空统一体。本底时空是能量最稀薄的时空，是真正平直的时空。

问：人们老有一种观念，好像空间自己在那里，人们可以朝里边放东西，鸟可以在里边飞，地球可以在里面绕着太阳转，因此平常的空间概念跟你说的相差太远，虚空反而更熟悉。你说是这样吗？

答：人的空间概念最先来源于物体的广延性。广延性确实把空间与物质联系起来了。但是广延性概念无法彻底拒绝没有物质的虚空。因为人们可以问，广延性来自物体，但延伸出去的地方空无一物，怎么能说没有虚空呢？爱因斯坦看到了这一点，他特别强调场的空间性。电磁场引力场大家都熟悉了，科学进步到这种程度，用场的广延性来彻底消灭虚空概念是自然的事，因此如前边看到的，爱因斯坦在《狭义和广义相对论浅说》里用了"充满"这个词。他就是要彻底消灭空无一物的空间。但是怎么保证场完全"充满"呢？

我意识到了广延性的两方面作用。"充满"是广延性剁不掉的尾巴。这是广延性的逻辑困难。我决定，新的时空观念彻底不用广延性。用旧材料搭不出新房子。必须干脆说，空间是物质的一种形态。这更符合事实。我觉得这样反而直观。

问：但是有人觉得空无一物的空间更直观，你怎么说服这些人？

答：日常生活，虚空概念完全够了。就是一般的机械、电子制造业，开山修路，涉水架桥，空无一物的空间概念也错不到哪里去。或者说，凡牛顿力学准确度够用的场合，空无一物的空间概念的准确度也完全够用了。但是对于现代物理学，特别是物理学家心目中的量子引力这样崇高的目标，正确的空间概念是必须的，甚至严重到如彭罗斯说的，面临理解时间的绝境。从古希腊算起，人类几千年都不知道世上有细菌和病毒，也过来了，但是现代医学要治许多难办的病，忽视细菌或病毒是万万不能的。现代物理只能认真研究时间。

问：现在你可以对本底时空和本底时空元作一个总结了吗？

答：应该小结一下。

(1)本底时空是时间和空间的统一体，时空不可分。没有小到零的时间点，也没有小到零的时空点，更没有短到零的时空长度。

(2)万事万物都要与本底时空打交道。万事万物都“浸泡”在本底时空的“海洋”里。本底时空有多大，宇宙就有多大。

(3)本底时空是最平最直的空间。我们平常量尺寸，打山洞找办法两头对接，使用的几何，其实都是假定最平直的欧氏几何适于我们的对象。数学的欧氏几何，就是对本底时空的量的表达。

(4)在宇宙大爆炸的高温高压高密度条件下，本底时空元会结合成电子、光子、质子等等微观粒子，万事万物都来自本底时空元，因此万事万物都有时间性。的的确确，时间是物质的唯一运动。这一条，让我们留待后面专题讨论。

问：大千世界这么丰富多彩，本底时空这么简单，这么单纯，怎么理解呢？

答：下棋就几条规则，走起步子来却千变万化。越是基本的东西越应该简单。附录6 表明，引力场方程要求类似本底时空的物质存在。附录5已算出本底时空的密度,可以实验检验。

问:你刚才说了欧几里得几何是平直的,刚好适应平直本底时空,那么,本底时空弯曲了怎么办?几何也得弯曲吗?

答:一个物体在本底时空里,它的引力就会影响本底时空元。例如地球周围的空间,地球吸引这些时空元,本底时空元分布变化,地球周围的空间就发生弯曲。描写空间弯曲的几何种类繁多,最有名的是常负曲率的罗氏几何和变曲率的黎曼几何。

问:我们一直谈时间、空间和物质。但是序性也是极重要的客观存在,序性与你的时间有什么关系?

答:根据时间原理,序性归结为时间的单向性。如果儿子比父亲还出生得更早,还有什么序性可言?同样,根据时间原理,本底时空元是序性的最小单元。现在可以简单地说,在一定的外部条件下,这些序性就会由本底时空元的行为表达出来。

关于规律我们注意到以下事实,凡是存在都有规律。新的存在产生新的规律。因此可以说,物质按规律运动,物质运动产生新的规律。本底时空元遵循序性运动,运动进一步把序性表达为新的规律。

序性、信息、规律等等说的是同一种事物。这里我们似乎表达了一种看法,所有序性都包含在本底时空元之中,这些序性有各种表达,它们变换自己的外表,但是总量不生不灭。我自己是这样看的,详细的论证却说不清楚。那是我们对信息了解太少了,例如一个古今中外都知道的非常普遍现象。诗与诗、诗与文的信息比较。取唐诗一首,李白的《静夜思》只有20个字,它比一首平庸的诗或一篇马屁文章包含的信息多得多了,但现代信息论只数字数。好诗坏诗好像一样的,好诗与淡话也是一样的。关于序性或者信息,真正初步开启客观大门的,首推热力学第二定律。

让序性带上感情味的话,黑格尔说,凡是存在的都是合理的,凡是合理的都要存在。这句话说出了自然界一个重要的规律。他是说,序性是不灭的。序性的力量是不可抗拒的。

问:到此请你把时间、空间、物质、能量、运动、序性这6个概念的关系总结一下,打破旧的时空观念在逻辑上必须从改造他们开始。

答:由于相对论,物质与能量等同;由于时间原理,运动被时间和能量代替;空间是能量的存在方式;序性归结为时间的单向性;这6个最基本的概念归约到两个概念:时间和能量。这二者是时空碎片。同一个时空碎片。

能量取得了如此特殊的地位有其原因。值得再次强调,能量是运动的货币,是上帝的钞票。作为各自领域的等价物,能量其实与货币没有差别。唯一的差别是能量没有化身,货币有化身。钞票是政权指定的商品干部,是头戴乌纱的纸片子。能量没有办法,永远找不到物的化身。选热能,选机械功,选光能,选遍也不行。关键是没有能作化身的物质。人们无法找到物质与能量的界限,更不要说找到纯而又纯不沾能量的物质。你买了1kg苹果,你无法区分哪些是“干物质”(原子),哪些是能量(原子运动)。因为原子总在运动。就是原子,也有电子运动、质子运动,更无法找出原子的“干物质”。使用了时间原理,我们很有理由放心地用能量模型把物质和运动完全替代。没有能量货币也罢。

对话11　引力热

问:本底时空元的时间段都很小,过不长时间,本底时空岂不要完全丧失时间性质吗?

答:不断地有本底时空元加入本底时空。旧的去,新的来,本底时空处在永远无休止的运动之中。本底时空是一个生灭过程,一成不变的存在再也无法描述物理了。

问:谁来补充本底时空元?

答:浪浪来补充。

问:可以谈一谈浪浪为什么有如此能力吗?

答:前面说过了,我们把浪浪作为终极存在,只要它有我们假定的性质,至于性质的原因,我们不关心。逻辑链条就从此开始。

问:对的,正该如此!现在,本底时空确实把四维时空的时间与物质结合成了一个不可分割的统一体。本底时空元怎么生灭呢?

答:本底时空元是能团,它会发生相互集聚。这就是若干个本底时空元会集聚成一个较大的能量团块。这个能量团块的时间性质由参与集聚的本底时空元决定。各本底时空元的时间段排列或重叠成一个更大的时间段,方向与原来的各个时间段一致。这新生的能量和时间的统一体我们把它叫做纤细物质。纤细物质广泛地分布在本底时空元之中。

问:纤细物质的时间性只有一段,过了这一段它还有时间性吗?

答:纤细物质处在本底时空元的海洋之中,本底时空元会使纤细物质不断地获得时间性质。纤细物质从四维时空中获取时间性,这就是我们先前总是说的,物质的时间性和空间性。先前的哲学说法没有内容,是人的直观感觉的一个猜测。现在的物理学充实这个内容。还有"没有无物质的运动,也没有不运动的物质"等等哲学猜测,我们无意中都给出了物理内容。

问:纤细物质怎样从本底时空获得时间性?

答:本底时空元进一步向纤细物质集聚,使得纤细物质获得了时间性质。

问:这对纤细物质有何影响?纤细物质的数量很大吗?

答:显然集聚会使纤细物质获得能量。因为集聚是随机进行的,本底时空元的能量会转化为纤细物质相互之间的运动。我们知道,大量分立体的随机运动就是热。由附录5的计算可以知道,一个电子所占的位置会有若干亿个本底时空元,因此,纤细物质的数量是非常巨大的,其随机运动当然具有热的特征。从而,本底时空元向纤细物质的集聚,会使纤细物质产生热量。我们把这样的热叫做引力热。为什么叫做引力热?后边解释。本底时空中充斥着纤细物质,因此本底时空的温度肯定不会达到绝对零度。世界上万事万物都处在本底时空之中,万事万物都与引力热有直接关系。我们知道热力学第二定律断言，封闭系统熵是不减的。宇宙就是一个绝热系统。人们认为，熵增的方向恰恰就是时间向前的方向。于是，引力热会给万事万物都标上时间方向。除了热力学第二定律，物理学的定律都是没有时间方向的，好像它们都处在绝对零度一样。描写电子的公式，昨天是这样，今天是这样，明天也是这样，作为电子是一成不变的与时间无关的存在。很有点像希腊原子，永远正当年。如果描写电子的公式带上熵指的时间方向，那么，尽管长寿，人们还是会认识到电子的暂变。人们由爱因斯坦引力场方程可以得出存在时间可逆的情况。但是，在附录9中，我们给引力场方程加上表示时间方向的项，由繁琐的计算，发觉这种情况的时间可逆是不存在的。科幻地飞到过去，实际上没有根据。即使从严肃的物理公式得出时间可逆的情形，也是因为这些公式忽视了引力热的熵。

问：能团从本底时空元获得时间性，会不会使该能量团越来越大？

答：很可能新加入的能量会以类似辐射逸出。因为粒子数亿年未变。而对于纤细物质，除了类辐射，一部分会使其随机运动加强。能量进入高维卷缩状态的高温高压高密度条件只有大爆炸有过。

问：宇宙背景辐射的3K与引力热有何关系？

答：可能没有直接传热关系。因为光子与纤细物质之间热量传递可能难于进行。光子是粒子，纤细物质不是粒子。有这样的情形，例如光子背景是3K，中微子背景是2K（待证实）。粒子气之间的温度并不是一定能平衡的。引力热有影响是一回事，引力热参与的方式则是另一回事。

对话12　宇宙大爆炸的卡诺循环

问：你所说的引力热，应该是宇宙间最原始的热现象，没有比它更早的了，这使人想到了宇宙大爆炸的高热，这二者有何关系？

答：大爆炸的热就是由引力热来的。让我们设想，如果有本底时空元极大量地并且极高密度地存在，其内部压力也应该是很高的。这样的本底时空元会发生大量的集聚，产生的纤细物质会造成极高的温度，形成高温高压高密度的三高图景。这样的三高是独一无二的。因此，它造成的结果也是独一无二的。我们现在知道的电子、质子、光子等等粒子，都是引力和热这一次共同促成的大爆炸的产物。从137亿年之前存在至今，期间的千变万化都是以这些产物为基础的。137亿年之前决定了现代物理，集聚成粒子最先从伸展出四维时空开始，到形成正反粒子对结束。完成一个卡诺循环。大爆炸对外作功就是宇宙扩张，废热就是使得宇宙初始高温后来不断降温的那些热。大爆炸是如此地基本，我相信它应该很简单地与基本过程相关联。附录16写出了引力驱动的这个热过程的四步。

问：一个卡诺循环的四步吗？

答：是的。了解这四步先要想到，大爆炸总的是密度降低；其次，如此高密度的物质已与本底时空的稀薄不同了，以能量的空间本性，高密度必然建立新的维度。

第1步，建立伸展四维时空并在其上叠加高维，引力热继续并行发生，是等温膨胀过程。

第2步，大量产热停止，高维形成无数高密度分立区。是绝热膨胀过程。

第3步，这是第1次发生卷缩，各分立区向中心卷缩。压缩放出的热量使宇宙温度回升并保持卷缩区等温。是等温压缩过程。

第4步，发生第2次卷缩，每一个已卷缩的分立体因再卷缩最终形成对称的2个分立的高维卷缩结构。这就是正反粒子。因为粒子内部对外传热不及时，是绝热压缩过程。这四个过程大约到普朗克时间结束，普朗克时间是一个极短的时间。

不同的局域条件产生不同的粒子对。因此，如果只看物质与辐射，普朗克时间之后的早期宇宙内容物以辐射为主。

大爆炸中热与引力联手建立对称的粒子对或粒子砖块，这是我们这个宇宙对称的基础。

问:宇宙大爆炸是必然的过程吗?它的温度、压力、密度都有绝对的必然性吗?

答:我觉得这是带有偶然性的大事件。例如高温,不同的摆动,就有不同的粒子产物。如果当初温度再高出几个量级,可能现在的粒子物理是另一本书。而且,由于均匀性的丧失,其结果怎么可能一丝不差地都是严格对称呢?我相信,局域不均匀和卡诺循环结尾阶段,粒子不成对出现还是有可能的。这边偏,那边偏,总有偏,我们就只看见正物质。先入为正。

问:你是说反物质当初就比正物质少吗?

答:有这样的偶然性。

问:高维卷缩结构太重要了,构成了我们看得见摸得着的东西。

答:在本底时空伸展的四维时空之上,再叠加上卷缩的维。形成了分立体。弦论认为卷缩的维有 7 维,于是卷缩结构是 11 维时空。它就是粒子。

问:既然大爆炸带有偶然性,那么,它的能量结团会很单纯地全是粒子吗?

答:切实完成卡诺循环的 4 步,时间是很短的。有些产物可能完成时间不够,是半成品。有些干脆没有“烧透”。因此,除典型的粒子之外,还会有一些高维卷缩结构是“半成品”,可能是一些粒子砖块。作为一个能量团块的分立体,它们从能量量级上看与粒子相当,但却不是粒子,而是另类物质。例如暗物质,或者有条件还会由它们生出粒子。它们的热过程与卡诺循环并行却不完整,但我们并不了解。

问:大爆炸之后,星系就逐渐形成了。当初本底时空元努力相互结合这种主动的不均匀性对星系形成有什么影响?

答:越不均匀,形成星球结团越早。卫星发现大爆炸之后 10 亿年就已有星系或星系团了。

问:电子、质子有静质量,光子没有,流时论有什么想法?

答:正负电子对湮灭成光子,光子碰撞生出正负电子对。有静质量和无静质量转换得很容易。我觉得,如果认为无静质量的粒子例如光子在传播中总是有反卷缩和卷缩发生,那么,静质量与高维卷缩结构就有高度的关联。电子质子并不需要专门的粒子为它们出让质量。

问:你认为这种关联说明了什么?

答:静质量可能起源于高维卷缩结构。

对话 13　纤细物质

问:宇宙大爆炸之后有哪些演化?

答:大爆炸产生的粒子和“粒子砖块”按自己的规律开始演化,大爆炸的高温逐渐冷却,至今尚有 3K“余温”,粒子和粒子砖块由热到冷,也千变万化地留存到今天。主要由质子和中子等等重子形成了星体、星系及星系团等等,满天星斗我们都看得见。行星上的演化就更加丰富多彩。生命进化使演化登峰造极,社会现象是最复杂最高级的形式。

问:这些物质有时间性吗?

答:有。大爆炸首先创造了 3 个伸展的空间维和 1 个伸展的时间维,由本底时空元组成。大爆炸之后的 137 亿年之中,不断有本底时空元充入本底时空。四维时空保证物质的时间性和空间性。

问:本底时空之中本底时空元仍旧不断地集聚成纤细物质吗?

答:137 亿年之中一刻也不停止。但是,没有了宇宙大爆炸的高温、高压、高密度 3 个条件,也不可能生出粒子了。只有纤细物质大量积存。纤细物质质量大于本底时空元,但远小于粒子。纤细物质积累的数量,在宇宙内容物中仅次于本底时空元的数量,但单个而论它比本底时空元能量大多了。纤细物质的能量总量,应该是宇宙中最大的,没有什么存在达到如此大的量。由附录 5 对本底时空元数量的计算结果,我们可以估计到纤细物质的总量非常巨大。因为纤细物质由本底时空元集聚而来,不消耗,永远是积累。这是我们把纤细物质的量估计得很大的主要理论依据。在附录5已求得纤细物质的宇宙平均密度,符合预期。

问:纤细物质的存在状态有什么特点?

答:其特点如下:

1. 它是宇宙内容物中所占比例最大的。

2. 它最均匀地分布在宇宙的任何地方。在我们的宇宙中,永不结团。由于这2条,如果本底时空是平直的,纤细物质对平直性应无太大干扰。本底时空充斥了纤细物质,就成为平时所说的闵可夫斯基四维空间。即使有一些其他物质结团例如星系等等,也不失大尺度的平直。

3. 它既不是辐射,也不是粒子。不是我们已知的任何存在。

4. 它不发光,除了引力,它与我们知道的物质和辐射没有任何相互作用。

5. 它完全轻易地穿透任何黑洞,因为黑洞只是高维卷缩结构(粒子)的产物。

6. 除了引力热产生的温升的微弱作用之外,纤细物质对宇宙发生膨胀没有任何其他贡献。

问:应该怎样观测宇宙中的纤细物质?

答:探测它的引力作用,探测它的引力热。

问:有关于纤细物质的信息吗?

答:纤细物质是流出的时间理论一家给出的说法。找不到这个庞然大物,理论就不能成立。因此,在20世纪我曾努力克服这个理论的"多余物"。宇宙学是如此地成功,怎么能没有主要宇宙内容物的一点信息呢?现在不同了,观测有了新进展。

对话14 引力与宇宙常数

问:你前边说过,引力显露时间本质。你谈到了引力热,现在请你谈一谈引力。

答:流时论建立引力的一个机制。处在本底时空中的一个物体,时时刻刻都与本底时空发生作用。本底时空元会向物体积聚。因为物体的物质密度要比本底时空的物质密度大很多,因此,在物体周围及内部,本底时空元“消耗”得要比本底时空中快得多。这个物体就像本底时空中“塌陷”的一个洞,周围的本底时空元都向这儿“跌落”。如果我们假定高维卷缩结构给“塌陷”设了快车道,“跌落”会更快。因为物体终归还是由粒子构成,而本底时空元肯定是与构成物体的粒子打交道。如果这个物体附近还有另一个小物体,那么这个小物体就会随本底时空元向大物体“跌落”。这就是万有引力。本底时空元极小,因此引力可以极弱极弱。本底时空元充斥一切,因此,一处塌陷,扰动扩大,引力可以传播很远,并且引力也会具有绝对的普遍性。凡是存在,都有引力性质。我们在附录2中计算了这种机制的引力的大小,它符合万有引力。这样的引力机制看来是可信的。特别的,如果本底时空元向纤细物质集聚,与上述物体不同,纤细物质会作杂乱运动,如此大量分立体的杂乱运动,显然是引力直接产生了热。

1750年的一个引力理论失败之后,直到现在似乎没有人再提出别的引力理论。

问:请谈一谈1750年那个理论,我觉得在这里似乎是必须的。

答:牛顿在1687年公布了万有引力定律公式,以后的测量一再证实其正确性。人类第一次可以自由地计算天上的星体运行,引起了各个层次的思想震动。在数学描述大自然的背后,人们希望找到物理原因,不甘心简单地服从公式,于是许多引力机制被提出来。1750年的一个提法似乎很幸运,设想许多粒子充斥虚空,这些粒子以极大速度向各个方向运动。当它们轻易地穿过星体时,有很少一部分被星体吸收,星体也获得了粒子的冲量。太阳会吸收周围和内部的部分粒子。地球向太阳的一面接触的粒子变少,于是背太阳的一面获得更大的冲量,把地球压向太阳。费恩曼介绍说,“这个冲量与距离平方成反比,因为当距离改变时,太阳所张的立体角也要改变。”这句话说出了平方反比公式,明白简练。既说明问题,行文又避开了数学公式。

造成引力的粒子,必然会在地球公转方向上造成可观测的阻力。计算表明,地球很快就会慢下来,而不是如现实中这样极其长久地运行。这个引力机制预言了这样不真实的现象,在一阵非常高兴之后,从此就偃旗息鼓了。以后再没有关于引力机制的其他说法。

问:你的本底时空元与粒子类似,为什么它不会使地球公转速度很快慢下来?

答:流时论的引力机制也与分立体状态的“微粒”有关,传统的现代引力理论的引力子也是微粒。早年引力机制的失败不是因为微粒与引力相关。参与机制与微粒相关是对的,不正确之处是1750年的微粒太机械化了,太经典了。把引力最后分解为粒子的冲量是关键的失着。那时人们没有任何量子概念。

本底时空元则完全不同。这个模型很自然地引导我们把引力最后分解为本底时空元的集聚。引力成了时空的内禀性质。

本底时空元有两个作用力,一是充斥力(见附录3和6),但它的作用方向是对称的;二是本底时空元相互集聚产生的引力作用。那么,本底时空元会对地球的公转造成阻力吗?我们分几步说明这个可能的阻力并不存在。

我们已经知道,因为本底时空的基本的时空性质,本底时空元会轻易穿越地球(见附录1)。从而本底时空元或本底时空不会对地球公转造成拦挡形式的阻力。

在地球公转线速度方向的前面和后面,都有本底时空元与地球的粒子发生集聚,但这个力是平衡的。不影响地球线速度。

有人可能会说,尽管容易穿越,即使很小很小,也会有阻拦作用。也有人会说,在地球的前进面比背面会有较多的本底时空元发生集聚,从而地球有一个被拉向前的力,尽管这个力会很小很小。在这里有两个反向的很小很小的力相互减弱,于是可以认为它们相互抵消。

总之，本底时空元在地球公转的线速度方向没有构成阻力。

问：由于量子力学，真空在理论上越来越充实，这与太阳系的运行现实会有矛盾吗？

答：真空越来越充实，真空所包含的能量几乎是巨大的。因此，真空理论必须说明为什么真空没有使地球公转速度迅速慢下来？迈克尔逊—摩来实验没有测到预期的以太风而把以太逐出物理。现在人们要问，真空风吹到地球上（地球公转速度 30km/s）为什么显示不出来阻力？量子力学在普朗克长度的尺寸范围给广义相对论提出问题；广义相对论在天体运行方面给量子力学提出问题。

问：流出的时间理论能解释加速度与引力等效的现象吗？

答：只要有本底时空元的消耗，就有引力现象。受大物体的引力，小物体随同本底时空元一起向大物体加速下落，在小物体看来，相对于大物体，自己没有本底时空元的消耗，因此，此时小物体“感觉不到”大物体的万有引力作用。在大物体的引力场中，小物体和本底时空元下落的步调完全一致。在宏观平均意义上是这样的。

问：你怎样看待引力子？

答：流动的水会产生孤立子。大量本底时空元的定向运动也可能产生孤立子。引力子作为孤立子是有存在可能的。

问：引力是本底时空元的消耗的量，但是如果本底时空元增加会出现什么现象？因为一旦本底时空元形成，浪浪与本底时空元再无任何因果关系，生成大于灭亡是很可能的事。

答：如果本底时空的一个局域中本底时空元的数目增加了，这个局域就要膨胀。总的结果，就是宇宙膨胀。本底时空的一个局域因为充斥了更多数目的本底时空元产生的内部压力，我们把它叫做充斥力。我们熟悉的行星、恒星，还有它们组成的星系，例如银河系，以及由星系组成的星系团等，孤零零地散布在宇宙之中，对于宇宙来说，它们像一个一个小微粒一样。宇宙膨胀，这些“小微粒”只好跟着动，哈勃观测到星系远离我们而去，就好像气球上几个蚂蚁，球越吹越大，每一个蚂蚁都眼看着伙伴越来越远。这就是流时论理解的宇宙加速膨胀的根本原因。

问:了解爱因斯坦给场方程加进又取掉宇宙项,可以加深对宇宙膨胀和宇宙常数的理解。

答:静态宇宙是古人和当时人们的基本观念。宇宙从来就是这个样子,千变万化只在这个平台上进行,这个平台是永远不变的。物理学的发展无意之中要打破这个观念,人类一时难以接受。爱因斯坦知道场方程没有静态解,1917 年加进宇宙项,太小了,只在研究宇宙时才有用。使用这个项阻碍得出膨胀宇宙的结论。这一项有个系数,人们就叫它宇宙常数。斯里非 1912 年已观察到星系红移,此后的十年间观察到的红移更多,敏锐的理论家已感到宇宙在膨胀。弗里德曼 1922 年由场方程得出膨胀宇宙的结论。爱因斯坦 1923 年把宇宙项取掉了,或者说,让宇宙常数等于零。他接受了宇宙膨胀的事实。哈勃红移的观测结果,在 1929 年基本肯定了宇宙膨胀的事实。然而,后人总是放不下这个宇宙常数,宇宙常数在有无之间地位不定。1998 年卫星观测确认宇宙在加速膨胀,现已成为定论。有人认为这是 20 世纪最重大的科学发现之一。于是,宇宙常数肯定不为零。一个大于零的宇宙常数可以描写宇宙膨胀。

问:流出的时间理论怎样理解宇宙常数?

答:好像很简单。宇宙常数就是充斥力,充斥力就是宇宙常数。本底时空中不断增加本底时空元,从而引发宇宙膨胀。由附录 5 的计算,本底时空元太小了,本底时空又如此稀薄,因此宇宙常数只能很小很小。但是除过引力,这种力量不是任何力量能抗拒的。因此,宇宙常数虽然很小,却不可能等于零。虽然能抗拒宇宙膨胀的只有引力,但星系占宇宙内容物比例太少了,其引力在广大的宇宙中也没有足够的力量。还有其他的宇宙物质也贡献引力。人们求得,如果宇宙内容物的当下平均密度大于一个密度临界值,宇宙就不膨胀,反而会收缩。这个结论并没有考虑充斥力。如果考虑充斥力,即使当下密度大于临界密度,宇宙还是可能发生加速膨胀。

问:如果现在测得当下平均密度大于临界平均密度,你的理论马上就证实了。

答:有测得的可能。这是个高概率物理事件。

问:本底时空既是宇宙膨胀的力量,也是收缩的力量,是这样吗?

答:正是这样。当本底时空元以数目充斥的时候是膨胀力量,当本底时空元参与引力的时候是收缩力量。两个因素是矛盾的,平衡点是移动的。大爆炸之后要等充斥力大于引力,宇宙才会由减速膨胀变为加速膨胀。

问:流出的时间理论这样理解宇宙加速膨胀的原因,既简单、明白,又是一个原理性理论自然生出的推论。关键是面对事实,条条都说得通。宇宙常数是传统物理的产物。在宇宙常数的名义下,问题变得出奇地复杂,涉及真空能,涉及量子场论。关键是面对事实,此路不通。流出的时间理论的解释才真正明白简单。

答:你知道,宇宙常数竟然使物理学陷入困境。人们普遍认为,可能有基本观念的失误。

问:你认为根本的失误是什么?

答:没有突破旧观念的时间理论。

对话15　物理学的困境

问:围绕宇宙常数,相对论和量子力学都面临重大困难,这就是人们所说的物理学的困境,请你谈谈具体情况。

答:大多数人虽然不一定见过爱因斯坦引力场方程,但是方程的思想已传为口诀。方程左边是几何,右边是物质。物质告诉时空怎样弯曲,时空告诉物质怎样运动。这些说法通俗而且准确。

问:等式左边是几何,右边是物质,几何怎么能与物质相等呢?

答:方程左边表达几何性质的是一种叫做度规的几何量。几何量当然无能量可言,但是这个几何量表达场,当然也可以作为动力学量。动力学量当然涉及能量。于是左右可以相等。但是,度规既是几何量,又是动力学量,它到底是什么量?就是说,同一个事物,既是一种形式的能量,又一定不是能量,这怎么理解?流时论正是利用这个令人为难的事实,说明空间性是能量的本性。是能量必定表现为空间。动力学量说到底就是某种形式的能量。能量当然要表现出几何性质,引力场方程把能量表现为几何量,说明广义相对论确实抓住了事物的本质,已经无法按绝对时空观念剪裁。

问:请你接着谈宇宙常数和它的相关情况。

答:爱因斯坦把宇宙项当然加在了左边,因为它属于“几何”。后来量子力学发展,人们原先认为空无一物的真空,量子力学认为有能量,并且计算作出的预言被实验准确证实。因此,真空能也像电子、质子,乃至星系、宇宙尘埃、背景辐射一样是物质。既然是物质,就在场方程右边再加一项真空能。这样一来,宇宙项与真空能项在公式中有了完全相同的数学地位。物理公式当然有物理真实性。宇宙常数与真空能密度对方程的影响是完全相同的。相同的东西加以合并,叫等效真空能密度或叫等效宇宙常数都一样。

问:真空能作为物质,应该当做收缩因素,宇宙常数则是膨胀因素,怎么能合并呢?

答:人说“话里有话”是指自然语言。公式作为表达量的语言,深藏的意思更多。人们经过一些公式变换体察物理意义,竟然发现真空能可以起斥力作用。它要让宇宙膨胀,像是宇宙常数一样的作用。

问:什么样的能量会对宇宙起斥力作用呢?

答:内部压力如果大于引力,就起斥力作用。

问:真空有什么内部压力?

答:真空涨落有可能。但这个机制并不确切知道。斥力作用是等效真空能密度或等效宇宙常数共同的作用,谁贡献了多少难于区分。

问:真空能密度有多大?

答:一般认为,它总应该比宇宙临界平均密度要小一些,因为还有星系等等物质。或者至少应该大致相当。人们已知道了这个上限值。用量子场论可以单独算出真空能密度。算出的这个值极大极大,你可以顺口说亿亿亿……换一口气也说不完。要比临界密度这个上限大出120个量级。

问:这是一个极大的困难。肯定出了大错。

答:计算当然是正确无误的,关键是物理观念。在什么物理观念下计算都不是决定因素。

问:对了,人们怎样在观念上解困?

答:想出了各种办法,没有效果,例如人们重拾艾佛雷特的多宇宙论,设想与我们的宇宙平行的有无数个宇宙通过虫洞相通,就是为了让我们宇宙的宇宙常数计算下来合乎观测。宇宙常数引发了许多思索和复杂的理论,弦论如此锋利的武器也没有办法。

问:人们已开始说"物理学的危机了",你怎么看?

答:俞允强教授说:"有重大的物理问题没有解决或无法解释并不算危机,这是永远会有的事。重要的是看来不可避免的理论推断与肯定了的事实出现冲突,这才值得被称为危机。"并且还满有信心地预言物理学大发展的机会又来了。

问:很对。我不禁想起彭罗斯的话:"量子引力还不存在并非因为物理学家不努力,或者没有专长和天才。许多一流的科学头脑专心致志于建立这样的理论,惜未成功。这是我们试图理解时间流逝的方向性时所最后面临的绝境。"比较流时论的时间观对宇宙加速膨胀的解释,与真空能和宇宙常数对同一个事实的解释,我认为,你从改变时间观念入手的路是走对了。

答:但愿如此!但愿流时论是一块物理思想的肥沃田地,希望人们对流时论进行数学耕耘。的确,改变时空观念的时候到了。

对话16 暗能量

问:宇宙内容物已经很多了,请你介绍当前人们的一般看法。

答:有各种分法,大致相同。有一种分法如下,所列宇宙内容物的百分数是约数。

发光物质	0.5%
辐射	0.005%
暗物质	30%
暗能量	70%

发光物质就是我们看到的恒星、星系等等。辐射主要是大爆炸留下的光子“化石”,已冷到了3K。天文观测发现星系团之外还有大量的物质。虽然看不见,但引力在起作用。人们把它叫做暗物质。暗物质的质量是星系团质量的3~10倍。星系内部也有大量的空间会容纳暗物质,暗物质的总量就很可观。暗物质可以有行星、小恒星、白矮星、中子星、黑洞、宇宙尘埃等等物质。但暗物质主要由非重子(重子主要是中子、质子)组成。如果中微子有静质量,中微子是非重子暗物质的很可能的候选者。暗物质有结团或结团倾向,像发光的星球一样,暗物质也有层级性。暗淡的小恒星、白矮星、中子星都是热的暗物质。但观测显示,冷暗物质占暗物质的绝大部分。认识暗物质是当前的课题。暗物质有如此大的量,必然以大爆炸的某种产物为主要成分

问:你已谈了发光物质、辐射和暗物质,接下来请谈谈暗能量。

答:宇宙观测表明,暗物质只是宇宙内容物的大约30%,就是说,有70%的宇宙内容物不知去向。这70%的宇宙内容物,只有它的引力效应表明它的存在。此外几乎没有其他信息。引力效应是由爱因斯坦场方程根据观测察觉的。场方程有很高的可靠性。即使在过大的宇宙尺度场方程不够准确,假定诉之于更精确的理论计算方法,仅仅靠精确也难于把这样大的量抹去。因此,人们还是相信这70%的存在的真实性,并名之为暗能量。宇宙大尺度的平直性是有根有据的。因此,认为暗能量没有结团,也没有结团倾向。宇宙内容物的主要部分如果结团,宇宙大尺度平直当然是不可能的。因为场方程的物质会告诉空间弯曲。因此,暗能量高度均匀地分布在宇宙之中。暗物质与暗能量的最大区别,就是暗物质结团或倾向

结团,而暗能量则永不结团,或结团需要极长极长时间,比宇宙年岁还长。

问:暗能量与物质和辐射可以长期相处自己又不变化,说明什么?

答:说明暗能量既不是物质,也不是辐射。它是我们现在还不了解的一种存在。

问:引力之外暗能量与物质和辐射没有其他相互作用,当然引力作用总是避免不了的。为什么暗能量没有向物质或辐射大量集中?

答:星体就浸泡在暗能量的"海洋"之中。这说明,暗能量穿透星体或黑洞应该是非常轻易的。引力之大尚不足以集中。

问:暗能量与纤细物质有完全相同的特征,它们是同一种存在吗?

答:它们确实是同一种存在。我觉得观测给纤细物质找到了出路。流时论给观测提供了理论。附录 5 求得了纤细物质的平均密度,与其他方法求得的暗能量的平均密度量级相同。

问:认为宇宙常数是暗能量的候选者,这是怎么回事?

答:涉及宇宙常数的理论都失败了,说明宇宙常数这条路不通。期望暗能量的压力大于引力从而构成宇宙加速膨胀的真正物质原因,才使宇宙常数与暗能量相关联。问题变得越来越复杂。暗能量问题最初就是宇宙加速膨胀原因的问题,然而我看重 70% 宇宙内容物无下落这个事实。宇宙加速膨胀或引力常数问题前边已经定性解决了。就只剩下为这个 70% 找出路,没有必要再找加速膨胀了。只为暗能量找到纤细物质这个出路就可以了。

问:把纤细物质作为暗能量,也是一个原理性理论的自然推论。如此简单,如此明白地说清问题,全靠时间观念的全新突破。我想,你会同意我这个评论吧?

答:这正是我所想的。

对话 17　真空

问:请谈一谈什么是真空?

答:真空是什么? 真空就是空无一物。有了量子力学,真空就再也空不起来了,真空被定义成没有实粒子的时空,或定义成处于能量最低态的时空。但是真空包含的东西越来越多,有人讲,每一次对称破缺,都有大量的物质倾倒进真空。真空是理论的溢洪区,然而这样作自有道理,真空涨落的卡斯米尔效应理论预言被实验准确证实(1958 年)。其他一些预言也被证实,真空真的充满了生机。

静质量的希格斯形成机制认为粒子质量来自真空对称破缺更使真空在理论中占有十分突出的位置。

最低能量状态与没有实粒子的状态是否完全相同,是真空定义含混的主要原因。真空的这两个定义都是否定的,都是无限度空泛的。例如,我们在叙述大爆炸的卡诺循环时,明确大爆炸之前是没有粒子的。按真空的定义,大爆炸之前是真空。大爆炸是真空自燃。但是说高温高压高密度的状态是最低能量状态却又不合适。

问:真空涨落的物质是什么?

答:粒子仅仅是大爆炸的产物,没有了大爆炸的三高条件不可能再生出粒子。真空涨落已是事实了。虚粒子也是粒子,不过是命短,然而命多长为实粒子却无界限。这使得真空涨落因什么涨落成了问题。不确定原理只说能量借来是可以的,但什么能量形式借什么形式的能量生出虚粒子并不具体。没有大爆炸条件,生出虚粒子的材料只能是已有的粒子或粒子砖块,要想与真空定义不矛盾,真空中只能有粒子砖块。这些砖块只能是大爆炸的生成物。宇宙中有 30% 的暗物质。粒子砖块的概念是真空定义与真空涨落的夹缝之中生出来的,2 个事实推理出第 3 个事实。

问:本底时空最稀薄,它才更像真空吗?

答:说本底时空是真空完全符合真空的各种定义。确实是最低能量状态,有绝对性。其中确实没有粒子,这是明明白白的。

问:纤细物质不是粒子,也可以归入真空吗?

答:本底时空中充满纤细物质。两者合体也符合真空定义。没有实粒子是显然的。但宇宙70%的内容物归于真空似乎太多了。然而,从另一个面看却也可以。这就是,人们认为,在普朗克尺度以上才有沸腾的真空涨落。所谓平静是没有真空涨落。所谓真空涨落是指有虚粒子生成。虚粒子生成是真空涨落的特点。因此,如果纤细物质归入真空,它肯定无真空涨落。从这一个面看,把本底时空与纤细物质合称普朗克尺度以下的真空是符合真空定义的。

问:你认为应该怎样定义真空?

答:如果以肯定的语言定义真空肯定会好一些。

把本底时空定义为真空。再加进纤细物质,它在普朗克尺度以下也是平静的(无虚粒子产生)。再加进粒子砖块,它在普朗克尺度以上或因不确定关系发生涨落生出虚粒子。这样就条理清楚了。

当然,普朗克尺度以下只是无虚粒子的平静。本底时空时时刻刻的生灭可能比普朗克尺度以上更激烈。这样一来,本底时空统一了普朗克尺度以上和以下的真空涨落,真空中各种变化有分有合,条理清楚,清除了含混。

正确的真空理论会使量子力学和相对论对大千世界的描写更加全面和真实,并且会最终促成量子引力。

对话18　流时论与物理学主体思想

问:流出的时间理论与物理学的主体思想的发展有必然的联系吗?

答:是问题引着我们找出方法。物理学有10大主体思想,时空概念是在其他主体思想的带动下发展的。反过来,时空概念不作新的突破,就会成为阻碍。10大主体思想表现为10大模型。以历史上形成的大致次序,依次为热、力、物质、运动、时空、宇宙、原子、轨道、能量、场。其实，热和力是无法分清先后的，但是我们把热排在最前边。原始人在大冬天一定对热最关注。当然，还有其他重要的模型，如质量、速度等等。

物理学发展的主线是还原论。沿着这条主线，主体思想不断地产生和发展。

问：物质、运动、时间、空间等等都是客观存在的真实东西，你怎么说它们是模型呢？

答：模型历经发展，对大自然的反映越来越真切，使人产生了把它们与客观存在等同的错觉。它们反映实在，但肯定有扭曲。例如物质模型，牛顿力学用质量衡量物质的多少。狭义相对论证明能量都有质量，以前的质量模型就必须变。牛顿力学认为时间均匀流逝，与物质无关，相对论被实验证实之后，人们不得不重新建立时空模型。

物理模型包含谬误和真理。只有变革的时候，人们才注意它们是模型。模型反映存在，绝对与存在不等同。人们习惯于把模型与存在等同。但最基本的谬误可能就藏在模型之中。

问：请你逐一分析十大模型的现状。

答：热和引力从芸芸众生借来用之于物理学。物质、运动、时空、宇宙和原子是古代哲学家提出来的模型。较早期的宇宙模型由三维空间和一维时间构成，说明时空模型更早。哥白尼 1530 年提出轨道模型。焦耳在 1845 年建立了能量模型。法拉第 1851 年提出场模型。

热虽然被发现最早，却有可能是最后一个勾画清晰的图景。

宏观的机械力由牛顿力学三定律在 1687 年使其严密、完备，完全脱去市井外衣而成为科学。微观的 4 种力，引力、电磁力、弱力和强力使力模型发生了本质变化。力由粒子和场来描写。电磁力、弱力和强力都是特定的力荷粒子在特定的粒子之间传递力，唯独引力在理论上存在的力荷在任何粒子之间都传递引力，引力的广泛性是引力与三力的不同的深层原因。

力与加速度的关系是一种基本的关系。加速度是力模型的一种延伸。对加速度的每次深入一步的认识,必然引起物理学的巨大进步。

物质和运动模型因为狭义相对论发生了本质变化。物质和运动不可分的一体存在方式,哲学猜测了几千年,物理学使猜想变成了现实。

宇宙模型从“天圆地方”换成星系的静态宇宙,进一步发展成大爆炸宇宙模型。由物理学家代替哲学家来研究宇宙之后,不断有新观测,新发现,期待着全面突破。

不确定原理是原子模型的延伸。量子力学极大地发展了原子模型。虽然弦论把粒子看做弦的振动而抛弃了原子思想,但是弦本身的质量是什么还是问题。圈量子引力把场作为基本实体而降低了粒子概念的地位,但是“独立存在的分立体”作为原子模型的中心思想仍然存在,它仍然是通向最深层原因的可以想象的道路。原子模型有无限广阔的发展前景。但是时间模型的陈旧,阻碍着量子向引力场的发展。

哥白尼的太阳系模型使得轨道模型立稳脚跟。1911 年卢瑟福的原子行星模型代表轨道思想向微观的发展。这是一个成功的模型,也是大受经典限制的模型。星系、星系团以轨道方式相联系。轨道思想向微观的发展则完全停止。轨道思想被保留,但没有持续发展潜力了。

场思想自从提出来之后,就一直处于中心地位,从法拉第到麦克斯韦,电磁场取得了令人目眩的成就。场思想进入引力理论,由广义相对论又发展到极高的阶段。场模型和原子模型(粒子思想)是如此地符合自然本性,场思想与原子思想的结合产物就是物理学本身。然而,物理学家都知道,由于旧的时间观念阻碍,量子引力无法建立。

问:对十大主体物理思想逐一分析的时候,我注意到你没有谈时空模型和能量模型。

答:物理学的发展强烈要求改变时空模型和能量模型。相对性原理是时空模型的延伸。牛顿力学的绝对时空观念因相对论已经严重动摇。人们明确地知道,绝对时空观念独立于物质是必须改变的。但是新的时空观念并未建立。从1905年至今,这一方面的主流思想一直局限在时空与物质怎样结合上。人们还习惯于旧的时空模型,努力要改造它。就是说,用旧材料搭新模型。

物理学在时空模型上下的大功夫,正好说明,物理学发展要求时空概念改变的强烈程度。正是由于十大模型新发展的基础性作用,我得以提出时间原理。时间原理是科学大背景的产物。

问:从"见微知著"的角度谈谈你对时空观念的突破,把时间观念的突破纳入物理学发展的洪流之中,请具体展现问题引着你寻找方法的方法论,这对于理解突破旧时空模型、接受新时空模型是必要的。

答:凡有不可解释的现象,就可能会打开大自然的一扇窗户。我举琥珀拾芥的历史说明。

公元前6世纪希腊人已观察到静电吸引毛发。中国古籍中也有"虎珀拾芥"的记载,"芥"就是纤细之物。在干燥的冬季,人们用干燥的手抚摸猫,会有蓝火花,在油灯下火花更明显。在20世纪50年代古典农耕社会的最后场景中,随处可见柴草小屑飞动,猫的皮毛吸附小屑想来是人们几千年看惯了的。火花与吸附有联系也是司空见惯的。

所有这一切都解释不了。

现代人当然知道这是静电。

如果古人有现代人的探索意识,既然有现象,就有物质,马上可以假定有一种新物质。蓝光和拾芥都源于新物质。人们会说,见一个现象假定一个新物质,新物质也太多了。然而联系中会看到本质,会大大精简。

请比较东西方冷落虎珀拾芥几千年与放射性的迅速发现。大家知道,由于贝克勒尔直呼"放射性",大自然一扇窗就马上打开了。

回到我们的时空。既然物理学的发展坚决反对独立于物质的时空,那我们就假定存在物质与时间一体的客观实在。

问:这样既简单、又自然。这真是问题引着人找突破。但是你还没有谈到能量。

答:分析这个突破,编织出逻辑链条是建立理论的一般方法。我们发现我们需要时间原理。有了时间原理,能量模型完全替代了物质模型和运动模型。试想如果没有十大模型的背后发展,关键的这一步就走不下去。有了这一步,就可以认识空间的物质性,撑成空间是能量的本性。这样一来,物质、运动、时间、空间、能量,最后就剩下时间和能量的统一模型了。它就是时空碎片。

问:这是一个美丽的物理模型。物理思想是物理发展的最主动因素。

答:有了物理思想,但愿数学耕耘顺利。

对话 19　几何是物理的老师吗

问:请你谈一谈几何先于物理的事实。

答:物理必须是定量的,不然不成其为物理。只有定量,才能与实验比较,才能成为反映客观真理的认识。只有定量最有说服力。虽然对布朗运动的正确定性解释早已存在,但只有到 1905 年和 1908 年间,爱因斯坦等 3 位物理学家各自独立以计算预言,布朗粒子位移平方的平均值与时间成正比,实验在 1908 年马上准确证实,2500 年的原子论才算最后确立。是定量说服了最后一批最顽固的怀疑派,他们心服口服到为长期反对原子论向公众道歉。定性与定量的差别是根本的。在物理越来越成功地使用数学的过程中,人们发现,数学往往为新的物理理论准备好了数学工具。好像数学总是先到一步,几何特别突出。欧氏几何建立后两千年,在牛顿力学中得到最光辉的应用。当爱因斯坦问他的同学格拉斯曼教授,什么数学可以表达广义相对论的时候,他才知道黎曼几何已等了几十年了。数学，特别是几何先于物理，使人觉得，几何是物理的老师。我自己一直问：有发现物理真理的数学捷径吗？

数学先于物理还有越来越强的趋势。陈省身发展了整体微分几何的纤维丛理论，杨振宁发展了物理学的规范场理论。人们惊讶地发现两个理论密切相关。但是，纤维丛理论是数学家在不涉及物理世界的情况下发展起来的。这实在令人吃惊。吃惊之余，不得不反复思索。这是数学先于物理的老问题，也是新问题。两位亲手创造者的几句对话，应该是科学史上极珍贵的一件史实。极有启发价值。

杨对陈说："这既令人震惊，也令人迷惑不解，因为你们数学家凭空梦想出这些概念。"陈马上回答杨："不，不，这些概念不是梦想出来的。它是自然的，也是实在的。"

这个对话是科学本身的事实。

问：杨振宁先生本身是华人聪明的事实。

答：你知道的，杨振宁是 20 世纪 60 年代 70 年代那个时代我们中国青年人的榜样。是"中国人聪明"的证据。杨的学术成就确实巨大，但我觉得，他对国人心理支撑的贡献却最大，远大于人们反复称道的他的学术贡献之"巨大"。那时的青年人没有粉丝、追星等等毛病，只是承认事实。当时这种心理倾向是不能公开表露的。我注意到你用到"事实"这个词。

问：让我们认真地体察这个对话。

答：数学的确定性确确实实已经丧失。人们对数学公理系统相容性（即不自相矛盾，又不出洋相）的相信只是一种信仰。直觉与严密同样不可靠，但同样重要。因此，数学与大自然的客观真理无关。对大自然无所谓真理和谬误（见附录 17）。数学在总体上是发明，因此不存在发现物理真理的数学捷径，但数学家一项一项成果，都是自觉不自觉地在公理系统下的发现。数学是精确表达量及其变化的语言。这些发现与发现自然语言的规律一样，确实是自身系统的客观规律，但不是大自然的规律。

微分几何虽然人为建立，也是客观存在。它就是实实在在的数学存在。纤维丛理论是真正的发现。它之所以与规范场理论密切相关，也就是反映了客观真理，是因为千锤百炼的几何公理蕴含了准确地表达某些量的能力。数学家在发展语言，这个语言是表达量的语言。如果几何给物理教表达量的语言，真的就是物理的语文老师。但数学只限于表达真理，不独自发现大自然的真理。就像自然语言能表达真理却不能发现真理一样。没有规范场理论，纤维丛理论对物理的表达至少在这里显不出来。

量子电动力学把一个所谓的 g 因子可以算到小数后 9 位都正确，这简直是让人吃惊又吃惊的事。

理论值 =2.00 2 319 304

实验值 =2.00 2 319 304

而对这个 g 经典的预期是 1.0。

人们一直惊叹电动力学如此准确，在这里却没有人惊叹相关数学的神妙。因为很明显，在这里起关键作用的是物理思想。经典力学所用的数学肯定没有错，但是它的预期值与实验值相差一半还多。差别只在物理思想。

3 +2 =5 或类似算式在成功的物理理论中是正确的，在失败的物理理论中也不会错。因此，实验是在检验物理，而不检验数学，虽然检验对象总是它们的“捆绑”整体。因此，对于物理来说，第一重要的是得到正确的物理思想。这比定量化更重要，虽然定量化是必须的。

几何是教物理怎样精确表达量的老师，不是教物理客观真理的老师。单独的数学不发现客观真理。

问：请你谈一谈物理学思想定量化的一般情况。

答：早期的物理思想最先都是用自然语言表达，这是第一步。然后才是用数学语言表达，这是第二步。完成第二步才算物理理论的完成形式。才好定量检验。我们把走出第一步的物理理论叫未定量的裸理论。

还有一种情形，狄拉克从公式得出能量有负数(开平方的根)。这个负数代表物理实在，还是一个理论怪物？当时有了公式，需要物理思想。至少这个负根公式是裸公式。狄拉克海洋给出物理思想，形式就完全了。

1968 年维尼奇亚诺发现数学手册上的一个名叫欧拉贝塔函数的公式能一下子描写强相互作用的大量性质。为什么有此联系？到 1970 年有 3 位物理学家指出，如果把一维振动的弦看做粒子，这些粒子的核相互作用就能用欧拉函数精确地描写。这是送来的数学语言。这就开了弦论思想之门。弦是一个全新的物理模型，这是物理思想直接用公式表达的少有的例子。但这个欧拉函数不是裸公式。必须是与物理理论直接相关而一时又无任何物理意义的公式才可以算裸公式。

弦论肯定反映物理真实。因为它使用的欧拉贝塔函数就是能表达弦相互作用的数学语言。从此展开的数学都可能反映物理真实。但这种老是与实验难于搭界的纯数学体系关于物理真实性能走多远，有许多不确定因素。尽管弦论发展的总趋势，一直是踩着物理真实的深浅在展开数学，它不乏物理真实性，但是，如果现代物理还没有完全反映量子引力必须的物理认知，弦论就不可能达到量子引力。因为数学自身不发现物理真理，只为表达物理真理提供语言。话多要有内容。数学公式要反映物理真实。

可以看出，要在形式上成为完整的物理理论可能有三条路：

(1)第 1 步得到裸理论。

(2)第 1 步得到裸公式。

(3)第 1 步得到形式完整理论。

一步登天的事有，但大部分是第(1)种情形。人们往往先得到自然语言表达的物理思想，然后再定量化。就一般情况而言，裸理论阶段总免不了。

怎样得到裸理论是千奇百怪的，牛顿把苹果当月亮，爱因斯坦想到下落抵消引力都是有名的例子。都是创造性的直觉在起作用。

问:对裸理论怎样取舍?

答:裸理论也有个检验问题。物理学家自我感觉很重要,美感有正面作用已是事实。

(1)至少定性说得通。

(2)能换一个角度定性解释一连串的已知事实。

(3)能定性地预言一两件事实,就有点希望。

(4)能局部定量并与事实比较结果相符则是好兆头。

(5)不苛求全面,善于舍弃。

东方思想是向大向空向全面发展,一次解决全部问题。不准有伤疤。西方思想是向细向实向具体深入,有伤疤而有尺寸进步是高明。牛顿力学的绝对时空是伤疤,牛顿自己知道。狭义相对论的真空光速是伤疤,因为当时谁也没有在真空测过光速。更无法判定光速是最大速度。西方思想是"铁路警察各管一段",东方思想是"大成至圣"。物理史表明"各管一段"是成功的。裸理论如果苛求全面,失败的可能性就大。

可以看出,裸理论的得到和检验,都是人类心智高度复杂的活动。大脑的创造性过程是必要条件。因此,斯莫林说:"数学农民需要把全部事情定下来,然后再来慢慢确定某一思想或者某一结果的精确边界。而我们物理学家则喜欢搜索一些像我们的想法这样的仍然有些野味和未驯化的东西。"这就是物理思想先拓荒,数学随后耕种的斯莫林规划。

问:现在是否可以谈谈数学教物理怎样精确表达量?

答:现在就要请教几何老师了,请它教我们怎样把裸理论表达成确切的量。这是一个繁重的操劳与艰难创造相结合的过程。有可能是一个长长的过程。战役方案在司令官大脑里,方案细节在参谋部里,实施却要千军万马。

完成裸理论的数学形式,可以是一个人或几个人,也可以是许多人。法拉第的场一直拖到麦克斯韦电磁场方程。爱因斯坦的统一思想至今尚未完成。

流出的时间理论正处在裸理论阶段,5 条检验标准都过得去。特别是它对暗能量的预期,对宇宙常数的解释,都表明它值得定量化。已推导出本底时空中弱场的线性爱因斯坦方程是定量化成功的一小步。把熵引进场方程从而定量证明爱因斯坦－罗森桥作为虫洞必然关闭显示了流时论十分有力。粒子卡诺热机定量地把引力和热引进了微观物质构造过程,粒子热机是流时论自然而然的推论。

流出的时间理论建议高维卷缩结构与静质量相关,既自然,又简单。

它预言当下宇宙密度大于临界密度是高概率事件,随时有可能被证实。

流时论需要几何老师,更需要懂几何的人做老师!

对话 20　超光速对相对论无关重要

问:超光速一直是人们议论的话题,谈谈你的时空观念与超光速的关系。一个时空理论,怎么能不涉及超光速问题呢?

答:作为一种看待物理理论的思想方法,谈谈超光速问题是有益的。

真空中的光速是世间最大的速度,这是 1905 年前后的物理学结论。那时人们真的相信,真空是一无所有的空间。因此,最大光速涉及两个概念:一是真空,二是绝对空间。

现在真空不空了。还有十分激烈的量子涨落。按照流时论,真空就是本底时空元的海洋,又充满了纤细物质。还有真空中的光速吗? 没有了。

绝对空间就是与物质无关的独立的空荡荡的存在。只有这样,才符合当时的时空概念。但是狭义相对论是否定空间与物质无关的物理理论。这里又出现了逻辑循环。承认绝对空间中的光速,并建立狭义相对论,还是先把空间概念研究正确了,再建立狭义相对论？爱因斯坦采用了前者，他很赞赏牛顿利用绝对时空舞台及时建立经典力学，而不是等到有了正确的时空观念之后。

问：超光速会推翻相对论吗？

答：人们常常说，超光速会推翻相对论。其实超光速与相对论关系远没有这么严重。用爱因斯坦的话说："是无关重要的。"

在狭义相对论的理论结构中，传递信息的速度不论多么大，必须是有限的。要不然就没有同时性的相对性。选择自然界真实的最大速度来刻划同时性的相对性是最合理的，当然选择了光速。是临时的还是永久的，从爱因斯坦的一段话里可以看出：无所谓，谁大选谁（后边我们会引证这一段话）。

问：这是爱因斯坦一个科学家的看法，关键是相对论理论本身的要求。

答：相对论使用光速从洛伦兹变换开始。并且以洛伦兹变换贯串理论。如果最大速度变了，把变换中的所有光速都换成新的速度，理论结构没有丝毫变化。如果新的最大速度比光速只大出几公里几百公里，连计算数值也没有多大变化，除非新最大速度是光速的若干倍。说"是无关重要的"原因就在于此。关键是看理论本身的结构。

问：光速可以超过吗？

答：人们正在从许多方面作着严肃的研究工作。我们这里仅从一个方面看一看，光速在介质中会变慢，例如在水中你看见折射。以往所说的光速，其实是真空介质中的光速，或者是地球大气中的光速。就数值来说，超过现有光速值是有可能的，但毕竟还是光速。

我们认为粒子的静质量起源于高维卷缩结构。静质量为零的粒子是因为传播中有反卷缩和卷缩的交替过程。好像速度大与零（静）质量相关。如果还有零质量的粒子，超光速完全有可能。中微子、引力子都可能是候选者。另外，非高维卷缩结构的分立体如纤细物质，也是零质量，它们以超光速运动也是大有可能的事情。暗能量有可能完全是另一番天地，更不要说超光速了。无论有无超光速，对相对论影响都不大。

问：既然如此，为什么一些专业物理学家也会说超光速会推翻爱因斯坦呢？

答：可能是《相对论的意义》这本书印的太少了。

问：为什么人们使超光速戏剧化呢？

答：因为科幻小说也要情节，反序生长，雨雪飞升，回到过去，都很有趣。就好像言情小说中死去活来的爱情一样，增加了吸引力。科学并不担心吃点小亏。我觉得科幻尽可以发挥，不准确也不要紧，使人“科幻”就有益。并不要求本本都像凡尔纳的百米长潜艇那样变为真实。更不要像二战中坎贝尔的《生死线》，在曼哈顿计划关键时刻科幻出原子弹真实的临界质量，还公开登出这个“幻想来的”绝密数字，让中情局紧张。幸好到二战结束德国科学家也没有算出铀 235 的这个临界值。它们总以为不是 454 克而是几吨。如果想到武器投掷，这个差别可是太大了。好的科幻是科学的灵感。

问：这则科幻小说连制造原子弹的细节也准确勾画出来了，当时都是绝密中的绝密。好吧！让我们用爱因斯坦的话作为结束，希望科幻和科学共同繁荣！

答：爱因斯坦说：“相对论常遭指责，说它未加论证就把光的传播放在中心理论的地位，以光的传播定律作为时间概念的基础。然而情形大致如下，为了赋予时间概念以物理意义，需要某种能建立不同地点之间的关系的过程。为这样的时间定义究竟选择哪一种过程是无关重要的。可是为了理论只选用那种已有某些肯定了解的过程是有好处的。由于麦克斯韦与 H. A · 洛伦兹的研究之赐，和任何其他考虑的过程相比，我们对于光在真空中的传播是了解得更清楚的。”这个话可以看爱因斯坦的《相对论的意义》李灏翻译的，科学出版社 1961 年 11 月版第 18 页。

对话 21　热与引力的对称性

问:请你谈谈物理学关于对立统一规律的新认识。

答:热与引力本身是对称的。它们对称的第 1 条,就是引力有多普遍,热就有多普遍,反过来也一样。没有任何别的运动形式有这样绝对的普遍性。关于这一条,肯定有深层的原因我们尚且不知。第 2 条,本底时空元在产生引力的时候,也产生了引力热,热和引力是大自然各种运动形式在我们宇宙中出现最早的。并且引力与热是不可分离的。凡有引力必有热,凡有热必有引力。联系热与引力的是时间,有一个赵峥三角形。第 3 条,纤细物质的生成伴随着引力运动和热运动。最广泛地标记了宇宙万物的时间方向。第 4 条,引力与热共同发起和完成了宇宙大爆炸的微观粒子卡诺循环。它们所创造的粒子,也有自己的对称规律。第 5 条,重化学元素更是引力与热共同在恒星大炉中合成的。

老子讲过祸与福的对立统一。东西方的思想一直在探索对立统一规律。这种探索到黑格尔的哲学达到了完美的程度。人们从来都是探索对立统一在世界有多么普遍,探索它在事物发展变化中的细节,从来没有人问过,对立统一的物质根源是什么?

现代物理学可以拓展几千年哲学研究的结果,从而回答这个问题。我认为对立统一的根本物质原因,就是热运动与引力运动这两个形式的对立和统一。目前我们再没有更深入的认识。人是时空的产物,人不可能超越时空而存在,也不能知道时空以外的事物。我们只知道,时空是物质的存在形式,没有时空的存在我们并不关心,包括其有无。因此热与引力可能是对立统一规律的最后物质原因。

对话22　逆时间悖论

问:时间真的可逆吗?

答:时间可逆是人的痴心妄想。有了科幻这个舞台,时间可逆才有了广大的市场。近年来已有了严肃的时间可逆论证。不是小说,而是物理。但是,由附录9可以看出,由引力场方程引起的任何严肃意义上的时间可逆,都会因为给场方程加进热影响一项而被打破。

我们经历的时间总是向前进的。把它想像成一条线,这根线带上箭头只向前。如果这根时间线直而又直,时间就只好永远向前,无法回到过去。如果是弯曲的,那么,一根时间曲线首尾不接也回不到过去。但是,它要是首尾相接不就回到过去了吗?这个曲线有个专用名字,叫闭合类时曲线。在闭合类时曲线上,不掉头也能回到过去。

问:人们把回到过去想得太简单了,请你谈谈回到过去的复杂因素之一,环境引发的复杂性。

答:设想闭合类时曲线上有许多站,例如取名西安等等。从西安出发到广州,再到海口,再向前走,因为是闭合的,因此不论经历多少年,总有一天又回到了西安。一个白胡子老头突然就进了幼儿园。

但是一个人怎么回到过去呢?那就是一切原样返回,连同他的环境一起原样返回。至少得带上他的旧衣服。光是他呼出的气体,就散布了一个地球,因为根据计算,一个人呼出一口气,如果这些空气分子均匀散布到地球大气,任何人吸一口气都会有7个此人用过的空气分子。因此,地球大气也得带上。

如果此人天天洗脸,连太平洋也得带上。如果他洗脸用过的一个水分子飘到了地球大气高层并且被太阳光解,而且光解的氢正常地逸入太空,太空也得带上。穿透他身体的那些中微子已经远去,那么,把银河系带走多少他才能回到过去呢? 他看到过的河外星系几十亿年之前发的光怎么回到它身边呢? 要不要宇宙陪着他整个回到过去呢? 因此环境复杂性阻止回到过去。

问:请你谈谈回到过去引发的逻辑悖论。

答:真正的回到过去,连"回到过去"本身也要回到过去。如果他"回到西安",连他"回到西安"这件事也要被反掉。因此,他真正"回到西安"就是没有回到西安。如果他真的回到过去,那么他一定没有回到过去。这是一个悖论,我们称它逆时间悖论。

时间单向性是绝对的。

问:看来你的谈话和你的书已经打动了一些人。真理遇上好奇是人世间最美妙的事情。

我们大家都知道,越是微小越是量子浪花飞溅、崎岖险峻,越是微小越是广义相对论的时空光顺平直。通过谈话我们看到,如此尖锐的矛盾对立在流出的时间理论成了和谐的统一体。本底时空在广大和微小都是几何光顺的和平直的,高微卷缩结构在光顺中激动着量子浪花,浪花与光顺几何是有序的统一体。好似大夏天吃到雪糕一样平常。两座大山合成了一座高峰。

答:希望有更多的人研究流时论。谢谢各位!

附录篇

附录1　本底时空

时间是物质的唯一运动。我们要从这一句话或这个原理出发建立我们的理论。这一个判断句包含了3个概念。关于物质,我们想到了石头、铁块。关于运动,我们想到了鸟飞,兔子跑。而时间是我们最熟悉但又最说不清的。因此,我们觉得这3个概念所反映的东西是真实存在的。在我们大脑中有了这一点真实的反映,对于合理使用关于时间的这个原理就足够了。

以前我们说时间是物质的基本运动。后来我们觉得这样还强调得不够。说时间是物质的唯一运动,这个时间原理既突出了时间的物质性,也明确了物质运动的本质是物质的时间性。而说时间是物质的基本运动,好像除了时间作为基本的运动之外,物质还有其他的什么运动,而这就暗示所谓其他的运动没有时间性。这与我们当初用“基本”一词强调物质运动的时间本质的出发点恰好有相背的漏洞。用“唯一”一词就堵住了这个漏洞。

根据时间是物质的唯一运动这个基本事实,我们认为,在时间的性质之中,时间的单向性是第一重要的。时间的物质化的论述由此展开。为此必须假定有一种称之为浪浪的客观存在。浪浪是什么,我们并不关心,因为我们把它作为终极对象,列在我们理论链条的开始环节。只要浪浪有我们要求的5个性质就可以了。然而为了方便思考，请参看附录8《克鲁斯卡坐标下的白洞》。这些白洞只出不进，会使我们觉得浪浪并不怪异，流出的时间理论创立之后，我们认为白洞在理论上的存在是对流时论的支持。浪浪有以下5个性质：

1. 浪浪有消解行为，它的消解元消解出一个存在物 δt，就是我们所说的时间。它是最短的时间，因为 δt 不能再分割了。各个时间元 δt 是否相等我们也无法得知，因为不存在度量 δt 的机制。我们只知道 $\delta t > 0$ 就可以了。

2. δt 再也不会回到浪浪，因此时间的单向性是绝对的。请参看附录9《时间可逆误在何处?》，附录中我们给出的公式(9－7)否定了虫洞。另见对话22所讲的逆时间悖论，证明任何时间可逆都是不可能的。

3. 浪浪的消解产物 δt 也是我们所说的能量。同一个事物，我们的认识不得不从几个方面去把握它。说树叶是绿的，同时也说树叶是圆的，说的是同一个树叶。我们把这份能量记为 δE。能量再分也不可能比这个能量元更小了。

我们用符号(δt，δE)标记这种消解产物，称之为时空碎片。同一个分立体(δt，δE)有2个物理性质，对应2个物理量，δt 和 δE 是这2个物理量的量度。

注意！由于时间原理的限制，这里的 δE 除了是 δt 对应的能量之外，再不容许有别的规定性。任何别的规定性都否定了 δE 的普遍性，从而破坏了(δt，δE)的普遍性，以致(δt，δE)无法描写时间原理对时间普遍性的规定。

4. 浪浪有有限个消解元。浪浪的消解元以整体方式行事。浪浪所有消解元每个都完成一次消解就说浪浪发生了一次消解。各 δt 鱼贯排列或叠加产生 Δt，因为时间的单向性，它们都指向未来。δE 也有可加性，产生 ΔE。用(Δt，ΔE) 表示一个浪浪的一次消解。把(Δt，ΔE) 叫作本底时空元。

5. 一个浪浪的每一次消解，各个浪浪的每一次消解，其 Δt 和 ΔE

不一定与另一次的相等。时间膨胀的深层原因，是 Δt 的宏观表达或微观表达因 Δt 的变化发生了相应的改变。

《流出的时间》全书和《热与引力》的几章都是为了阐述所列这5条。

我们已求得 ΔE 的平均值为 1.5×10^{-134}g（量级）。见附录5《计算 ΔE 的值》。但是我们还没有求出 Δt 的平均值。如果可以假定 $\Delta t=10^{-43}$s，则一个 $(\Delta t,\Delta E)$ 既是 1.5×10^{-134}g 的能量，又是 10^{-43}s 的时间。或者 $(\Delta t,\Delta E)=1.35\times10^{-156}\ \mathrm{erg\cdot s}$。

序性归结为时间性，是因为时间的单向性。因此，$(\Delta t,\Delta E)$ 包含了序性。在 $(\Delta t,\Delta E)$ 的行为过程中序性会展现出来。$(\Delta t,\Delta E)$ 的序性请看附录7《$(\Delta t,\Delta E)$ 的信息矩阵》。

至此，我们由时间是物质的唯一运动得出存在 $(\Delta t,\Delta E)$，并且 $(\Delta t,\Delta E)$ 将构成一切。因为我们的理论不承认任何非物质的存在，空间的物质性必然与 ΔE 相关，因此，能量 ΔE 应该具有空间性。显然，这是时间是物质的唯一运动这个原理的逻辑结果。同时，引力和库仑力的平方反比定律以及狭义相对论都指证了能量的空间性质。为此我们在《热与引力》第3.1节和第3.2节用了大量篇幅认真地谨慎地描述这个指证。结论只是认识能量的空间性质这一句话。

这里要回答一个问题，假定 ΔE 有空间性，为什么不假定 δE 有空间性呢?更何况一开始就假定了 δt 有时间性。其实这是时间原理的要求。时间原理要求描写时间的 $(\delta t,\delta E)$ 有最广泛的普遍性，从而对 δE 不能有任何更多的规定。δE 具有空间性质就是对 δE 的一个规定，从而也是对 $(\delta t,\delta E)$ 普遍性的否定。这样的 $(\delta t,\delta E)$ 不能描写时间原理。但是由 $(\delta t,\delta E)$ 生出的 $(\Delta t,\Delta E)$ 可以不受这个限制，ΔE 当然也不受这个限制。好像干细胞不能一定是胃细胞，但它可以生出胃细胞，生出肝细胞一样。

ΔE 是最小的体积元，或最短的距离元的实体。

说"空间是能量的本性" 在于强调，$(\Delta t,\Delta E)$ 的任何生成物都有空间性质。都与维度相关。

把$(\Delta t, \Delta E)$的海洋叫做本底时空。这是所有时空中最基本最简单最单纯的。它才是真正欧几里得的。用符号$\{(\Delta t, \Delta E)\}$表示，好像是说，本底时空是$(\Delta t, \Delta E)$的集合。它就是我们平常所说的空荡荡的东西。它就是我们认为空无一物的虚空，其实它比我们平日生活中认为的空荡荡还要更空。在附录6《没有物质的物理》中，已证明引力场方程隐含了本底时空的存在。

本底时空元$(\Delta t, \Delta E)$相互会发生集聚。参见附录15。

两个$(\Delta t, \Delta E)$集聚，其时间性由两个Δt共同决定，他们都指向未来。因为时间的单向性，它们总是一致的。两个Δt长度可以有差异，那么，一个Δt结束之后，集聚的时间性质由较长的另一个Δt决定。两个Δt都结束了，这个能量的聚集体就完全丧失了时间性质。关于集聚的其他方面目前只能说，从$(\Delta t, \Delta E)$到微观结团，即形成粒子如电子等，必须有热的参与，即必须有大爆炸的高温高压高密度才能产生出粒子。我们当下只关心时间性质。见附录16或对话12。

若干个$(\Delta t, \Delta E)$集聚，其时间性与两个类似。

假定有“无时间性的能量团块”存在。无时间性的能团与一个$(\Delta t, \Delta E)$集聚，其时间性由$(\Delta t, \Delta E)$决定。若干个$(\Delta t, \Delta E)$与能团集聚，其时间性由这些$(\Delta t, \Delta E)$共同决定。因此，在$(\Delta t, \Delta E)$的海洋中，不存在“无时间性的能团”。本底时空决定任何存在的基本时空性质。

一个本底时空元$(\Delta t, \Delta E)$的时间性质，只有Δt这么长，并且总是会参与集聚。由此可以想见，本底时空总是在创生、变化、灭亡中存在。本底时空是运动着的存在。它的运动，就是它的时间性。反过来也可以说，它的时间性就是它的运动。本底时空是最平直最平静的时空，但是在它的普朗克尺度临近，永不停息地发生着急促的变化。在普朗克尺度以上，是量子涨落；在普朗克尺度以下是更急促的$(\Delta t, \Delta E)$的变化。由于Δt太小了，所言变化的急促和杂乱的程度比任何有过的物理描述都更严重。本底时空是最忙的存在。

本底时空的点是$(\delta t, \delta E)$。最小时长是δt。因为有了$(\Delta t, \Delta E)$之

后，能量才表现出了空间性（类空）。也就是说，能量的空间性是从（$\Delta t,\Delta E$）而来，并由（$\Delta t,\Delta E$）表达的。因此，本底时空中最短的空间距离是 ΔE 构成的。说它最短，是因为作为距离它无法再分解，尽管各 ΔE 决定的距离长度并不一定相等。

可见时间与空间的地位是不同的。

时间与空间组成统一的时空。时间曾经以 δt 存在，但是空间只在有了 ΔE 才存在。闵可夫斯基说独立的时间不存在，独立的空间也不存在，只有它们的联合才是真实的。现在看来此话的本来涵义，其实是说空间不能独立于时间而存在。

真实的时间点与数学点不同。真实的时间点（类时）是一个不能再短但大于零的时段，数学点只是一个零。自然界不存在等于零的时间点。关于空间点我们无法作出其大小的类似讨论，因为理论展开中直接就给出了距离元 ΔE。我们说（$\delta t,\delta E$）是本底时空的点，是因为对于 δt 已有了明确的识别。由此识别并考虑 δt 与 δE 的对偶关系，我们才说（$\delta t,\delta E$）是时空的点。作为本底时空的点，（$\delta t,\delta E$）在类时上是一个时段，而在类空，作为空间的点，具有不确定性。我们只能说，最短的距离是有正数下限的。或者说，自然界不存在等于零的距离。由于空间点的不确定性，说一个点与自己的距离是零也不恰当。

由于时间的单向性，最小距离不断地灭失和创生，并以此方式决定较大距离的性质。

我们把由若干个（$\Delta t,\Delta E$）直接集聚而成的物质称为纤细物质，记为（t,ε）。这里 ε 是集聚而成的能量，t 是其时间性质。这里就有一个问题，既然参与集聚的（$\Delta t,\Delta E$）迟早总会完全丧失时间性，特别是丧失最重要的时间单向性，怎么能在（t,ε）之中加入 t 呢？

能团 ε 处在本底时空 $\{\Delta t,\Delta E\}$ 之中，“浸透”在（$\Delta t,\Delta E$）之中，并且与（$\Delta t,\Delta E$）发生着作用。因此，本底时空总是保持能团 ε 的时间性质。至于（$\Delta t,\Delta E$）与 ε 的具体相互作用过程，则是理论进一步发展的一个生长点。

本底时空中的($\Delta t,\Delta E$)也以与之集聚的方式决定任何能团的时间性。不用担心这些能团例如电子会越来越肥,新加的能量很可能以类似辐射的方式逸出。而对于纤细物质,有可能加强其随机运动。因此,($\Delta t,\Delta E$)会轻易地到达任何地方,包括穿越任何物质实体。我们再一次强调了物质时空性质与本底时空的本质关联。

这里只需要明确时间性与颗粒性的关系。此处所说的颗粒性,只有分立性的含义。

我们坚持物质的时间与物质的颗粒性相关。其含义有二:其一,宏观的或者微观的时空性质,其实是物质颗粒时空性质的表现。其二,时间性必然发源自物质的最细小的颗粒。假定,譬如电子,它的内部没有时间性,它的时间性质是从它作为电子整体才开始具有的。那么,电子就是永恒的,不变化的,特别是不参与任何物质变化过程的。因此电子必须有自己的内部结构。古希腊人的原子,当初就是这种内部无时间性的存在。每向前走一步,人们都会冒弄错的风险。创新也在创造错误。

若干($\Delta t,\Delta E$)直接集聚为(t,ε)还达不到微观结团的水平。不存在任何能量方式能使(t,ε)发生分裂式逆转,因为时间是不可逆的。

我们已经知道,本底时空$\{\Delta t,\Delta E\}$处在不断地创生、变化和灭亡之中。就我们的常识而言,为了不断“供应”本底时空元($\Delta t,\Delta E$),浪浪不但不断地消解,它自己还有个存在状态问题。浪浪在何处容身呢?让我们用下边的一段话再一次安慰常识的良心。

首先,没有浪浪就没有本底时空$\{\Delta t,\Delta E\}$,我们大可不必担心,浪浪的分布在某处没有达到。没有浪浪,就没有某处。其次,我们把浪浪作为一个终极的概念来对待,就好像古希腊人把原子作为终极概念来对待一样。我们只关心它的结果,而不关心它本身的原因。只要有前边所讲的 5 个性质,其余的东西之有无以及行为我们并不关心。

常识往往是我们不得不向它辩解的偏见。

本底时空中不但会集聚出纤细物质$\{t,\varepsilon\}$，只要有条件纤细物质还会进一步集聚，产生出更大的能团m，m可以是粒子，也可以是一个巨大的星球。我们把这样的能团记为$\{(\Delta t,\Delta E)_m\}$。纤细物质$(t,\varepsilon)$是$\{(\Delta t,\Delta E)_\varepsilon\}$的简写。微观能团因为本底时空的高速变化必定处在无休止的运动之中。

本底时空$\{\Delta t,\Delta E\}$是真正平直的，并且是四维的。纤细物质的存在会使本底时空发生弯曲。闵可夫斯基四维世界有物体运动，因此它只是近似平直的。由狭义相对论看，闵氏四维世界就是填充有纤细物质的本底时空。但是我们有理由相信实际上它可以更复杂。

一个能团$\{(\Delta t,\Delta E)_m\}$，它的能量当然也有空间特性。当这份能量的密度大到一定值的时候，它可以是卷缩在本底时空一偶的一个高维的存在。能量具有空间本性，能量必定撑起空间。能量密度大到某一个值，就要增加维数。空间在平直伸展开来的三维之上，再加上更高的但卷缩在一定区域的维数。弦论加大弦耦合常数把1维弦线变为2维膜，可能是能量密度增加维数增加的首次定量认识。粒子的能量密度要求在伸展的四维时空之上再叠加上7个空间维度。见附录12《维数革命》的评论。

从本底时空$\{\Delta t,\Delta E\}$开始，随着其中物质形式的添加，将会有多种多样的时空，也会有相应的多种多样的物理过程。这些物理过程就是宇宙万物的运动和变化。任何能量都有可能使得四维的本底时空发生弯曲。达到一定密度的任何能量在4维的本底时空都会叠合上高维卷缩结构。弯曲和卷缩是不同的。特别的，卷缩成粒子需要高温高压高密度作条件。一个微观粒子例如电子是一个单纯的高维卷缩结构。而地球是高维卷缩结构的堆积。只有密度大过一个临界值，星体整体才有可能是一个高维卷缩结构，或者是质子、中子式的结构。因此，超高密度星体可以表现得像个大粒子。这里我们还是再一次强调，当我们说一个时空的时候，都包含它重叠在其上的本底时空或本底时空的相应部分。从本底时空生出来的一切，又凭借本底时空变化。

套一句哲学至理作为玩笑话帮助记忆："道生一，一生二。二生三，三生万物。"浪浪（道）生时空碎片（$\delta t,\delta E$）（谓之一），时空碎片（$\delta t,\delta E$）生本底时空元（$\Delta t,\Delta E$）（谓之二），本底时空元（$\Delta t,\Delta E$）生本底时空$\{(\Delta t,\Delta E)\}$（谓之三），本底时空$\{(\Delta t,\Delta E)\}$生出宇宙万物。每一个新生物作为存在都会自行其是，同时它的"妈妈"总是在关心它。本底时空有点像独裁者。

附录 2　万有引力

本附录表明，引力是时空的内禀性质。

引力有 4 个特点。极弱，两电子的电斥力是两电子万有引力的 10^{40} 倍。但传得极远，眼下人们还未指出引力传播的最大距离。同时有这两个特点，是任何物理过程都明显不具有的。第 3，时空一处引力发生变化，其扰动会在相当范围传播，并且次生扰动和再次生扰动也会接连发生。最重要的，任何存在都产生引力，任何存在都受引力作用，引力有绝对的普适性。

如果本底时空$\{\Delta t,\Delta E\}$中有能团 ε 或$\{(\Delta t,\Delta E)_M\}$，那么，在相同时间段和相同的空间尺度之内，（$\Delta t,\Delta E$）与能团发生集聚反应的数目就会比在单纯的本底时空中（$\Delta t,\Delta E$）发生集聚反应的数目大。因为在存在质量 M 的情况下，除过（$\Delta t,\Delta E$）相互集聚，（$\Delta t,\Delta E$）与纤细物质（t,ε）集聚，还有（$\Delta t,\Delta E$）与 M 的集聚。在相同体积内，（$\Delta t,\Delta E$）与 M 发生集聚的数目要比在单纯只有（$\Delta t,\Delta E$）的本底时空发生集聚的数目大得多。因为 M 要密实得多，（$\Delta t,\Delta E$）碰到的"对象"更多。M 的卷缩维这种结构可能也会促进集聚。直观地说，一个大的 M，会耗去它自己所在的时空的大量的（$\Delta t,\Delta E$）。本底时空会不断补充这种"消耗"，好像用（$\Delta t,\Delta E$）不断地向着 M 去填充"塌陷"。这种"消耗"和"填充"，表现得好似物质团块 M 对周围有吸引力。由于（$\Delta t,\Delta E$）比任何可想像的粒子都要小，因此，这种吸引力是很弱的。它可以弱到比任何相互作用都要小。这种引力是依次传递的，它必然以有限速度向周围辐射。而这种“塌陷”传播的距离没有上限。下限就是 ΔE 对应的体积的尺度。两个物体相遇，就表现出相互吸引力。引力是连接两质点的测地线上的（$\Delta t, \Delta E$）的消耗量。本底时空的无所不在保证引力有绝对普适性。

考虑以质量 M 为中心的一个球形邻域。设该球面上某时刻的本底时空元（$\Delta t, \Delta E$）的总数目为 U，忽略半径 r 的球面内部的（$\Delta t, \Delta E$）在任何作用过程的贡献，近似地用球面上的（$\Delta t, \Delta E$）的贡献代替球内外的（$\Delta t, \Delta E$）的全部贡献。球面上（$\Delta t, \Delta E$）的数密度是

$$\rho = U/4\pi r^2$$

注意，本底时空｛（$\Delta t, \Delta E$）｝是平直的，或说标准欧几里得的。即使充斥有纤细物质（t, ε）的本底时空，或闵可夫斯基四维世界，也可以是非常接近平直的。但是质量 M 会使闵时空发生扭曲，球面积已不是 $4\pi r^2$，　我们只是可以用 $4\pi r^2$ 来近似。作了这几个近似之后，我们就可以使用式子 $U/4\pi r^2$

如果球半径 r 从 r_1 变到 r_2，则球面上（$\Delta t, \Delta E$）的数密度变化就是

$$\rho_1 : \rho_2 = \frac{U_1}{r_1^2} : \frac{U_2}{r_2^2}$$

取 $U_1 = U_2$ 再近似一次，就有 ρ 与 $1/r^2$ 的正比关系，

$$\rho_1 : \rho_2 = \frac{1}{r_1^2} : \frac{1}{r_2^2}$$

如果参加与质量 M 的相互作用的（$\Delta t, \Delta E$）的数目，既与 M 成正比，也与（$\Delta t, \Delta E$）在球面的数密度 ρ 成正比，那么，M 在球面上的吸引力就与 M/r^2 成正比。数学的格林公式提示我们，可以用曲面描写曲面内部。黑洞力学第二定律也用黑洞的视界面积表达黑洞的熵。两个相距 r 的质量 m_1 与质量 m_2 的相互吸引力就是

$$F = G\frac{m_1 m_2}{r^2}$$

这个式子没有考虑卷缩维对引力的影响。

作用弱，传播远，量值也符合万有引力公式，又有绝对普适性，因此，这个吸引力可以看成万有引力。G 是引力常数。

为了取掉许多近似，爱因斯坦用引力场方程描写引力：

$R\mu\nu - 1/2Rg_{\mu\nu} = -8\pi GT\mu\nu$

质量 m_1 周围的（Δt，ΔE）带动 m_2 向 m_1“塌陷”，我们说 m_2 受到 m_1 的引力。广义相对论说是因为物质 m_1 使时空发生弯曲迫使 m_2 走测地线才使人觉得有引力存在。这个空间“塌陷”正是弯曲。

实验越来越精密地证明了等效原理的高度准确。认真思考这个实验事实的物质深层原因是思维的天然冲动。在引力场方程中，$T\mu\nu$ 的能量分量与引力质量相关，动量分量与惯性质量相关。仿效电子的情形，我们利用荷与质的关系，来阐明等效原理的起因。

一物的质量是对其惯量的量度。这个质量就是惯性质量。惯性质量表达的就是一物的能量。这个能量与本底时空元（Δt，ΔE）的作用才产生引力。可以把这个能量看作物体 M 的“质”，这个“质”携带了有引力作用的引力“荷”。这些“荷”的总体，我们把它说成了物体 M 的引力质量。

就量值来说，因为物体 M 的惯性质量存在，相同的时空区域，有 M 比不包含 M“消耗”的（Δt，ΔE）数量要大。而且 M 越大，参与集聚的（Δt，ΔE）越多。也就是 M 的引力的“荷”与 M 的惯性质量或正比。引力的“荷”就是引力质量，于是引力质量与惯性质量成正比。取适当的量纲使比例系数为 1，对于同一物就有

引力质量 = 惯性质量

流出的时间理论把引力表述成了时空的内禀性质，从而与任何别的力有了区分。

还可以直接由（Δt，ΔE）的运动状态看出等效原理。

在连接 M 质心与质点 m 的时空测地线上，由于（Δt，ΔE）的集聚作用，m 受到吸引力。除引力外 m 不再受任何外力。m 向 M 作加速运动。（Δt，ΔE）的消耗同时也得到本底时空的补充。引力的大小与测地线上（Δt，ΔE）的集聚量（“消耗”）成正比。也与 m 的质量（记为

m）成正比。因此在测地线上，m 的引力也与其质量 m 成正比。但是我们并不知道在普朗克尺度以下测地线的情形，因为测地线是在容许零距离的概念下形成的几何实体，无法保证它在小尺寸下的几何真实性。

从表观上消除引力的只有加速度。受 M 的引力作用，一个物体 m 随同（$\Delta t,\Delta E$）向物体 M 加速运动，在物体 m 的参照系看来，并无（$\Delta t,\Delta E$）的消耗或补充，M 对 m 的引力就不存在。不计叠加运动，在 M 看来，加速度使得在 m 的加速度方向上对 m 内外补充的（$\Delta t,\Delta E$）的量与消耗量相等。简单地说，加速度是测地线上（$\Delta t,\Delta E$）补充量的大小。消耗等于补充，引力与加速度等效。

在这里有一部分（$\Delta t,\Delta E$）消耗于维持本底时空的时空性质。而造成加速度的（$\Delta t,\Delta E$）却会使（t,ε）发生更多的随机运动。参与随机运动的（t,ε）的数目以及温度会大于“维持”水平。因此，会有更多的热发生。造成 m 加速度的（$\Delta t,\Delta E$）的总能量大于与加速度相关的 m 的机械能。引力与加速度的等效会发生偏移。（见附录 14）

关于惯性的马赫原理认为，一物的惯性是宇宙中全部其他物体的质量产生的。后来有人表述为，时空几何由能量 - 动量以及该几何的初始条件唯一地确定。我们的讨论表明，惯性质量的起因应该是局域的，马赫的说法实际上要求有无限大速度。

从引力的机制看，不存在引力意义上的反物质。

也有认为单色中子束干涉实验直接否定等效原理的说法。等效原理成立的条件太苛刻了，只在测地线上，而测地线概念还得在普朗克长度以下也保持正确。等效原理成立的条件十分复杂。

附录 3　宇宙常数与暗能量

本底时空元（$\Delta t,\Delta E$）会发生集聚。也会有新生的（$\Delta t,\Delta E$）生出。如果补充大于消耗，就会有加速度现象。就像面团发酵，宇宙就会发生加速膨胀。这就是宇宙常数。因此，本底时空有两重性质，集聚时是引力源，充斥时则是斥力源。宇宙大爆炸的普朗克时间或其他时间之后，这种斥力和引力仍然一直在起作用。

星系和星系团在均匀并且各向同性的本底时空之中，好像小小的粒子，它们完全听任本底时空的收缩或膨胀而相互接近或远离。哈勃红移认为宇宙在膨胀。就是说漂泊的星系和星系团在（$\Delta t,\Delta E$）的海洋里在相互远离。如果星系和星系团受到膨胀的持续推力，它们理应加速相互远离。20 世纪末（1998 年）的实验观测事实使人们比较一致地认为宇宙在加速膨胀。

关于宇宙常数 λ，见附录 6。

可以假定，宇宙大爆炸之后，（$\Delta t,\Delta E$）生出的量大于消耗的量。一旦充斥力大于引力，就会发生宇宙加速膨胀。由于（$\Delta t,\Delta E$）太小，与任何存在相比，本底时空密度又最小（见附录 5），因此充斥力可以极小。但这个充斥力在宇宙间规模最大，除过引力，没有任何别的力量可以与它平衡。因此，虽然充斥力即使事实上极小极小，一旦引力不能抵消它，再不会有任何别的存在会使它为零。这就是宇宙常数极小又偏不为零的原因。宇宙常数是经过引力平衡过的充斥力，它是当下宇宙的结构产生的 2 种力量共同决定的。大爆炸之后宇宙是减速膨胀的，经过相当时间之后，充斥力大于引力，才开始加速膨胀。

以下我们用流出的时间理论解释暗能量。

姑且不论 t_0 时的情形。宇宙零时之后或普朗克时间（10^{-43}s）之后，本底时空充斥着纤细物质（t,ε），以及已合成出的粒子等等。

宇宙大尺度平直表明星系物质总质量不是最大的。

纤细物质历经 137 亿年的宇宙规模的积累，要比一次性形成的背景辐射总质量大得多。

由附录 5 可知，纤细物质的数量可以与本底时空元相比，它的单体质量却远大于本底时空，因此纤细物质的总质量应该远大于本底时空元的总质量。可见在各种具有宇宙规模分布的物质中，纤细物质的总质量是最大的。

人们有时候把有静质量的粒子及其形成的星系叫物质，而把无静质量的粒子例如光子叫辐射。当下发光和不发光的物质占宇宙能量的比例并不大,加上辐射,约占30% 。那么,大约70% 的宇宙能量是什么呢?普朗克时间之前($\Delta t,\Delta E$) 大部分形成了宇宙物质和辐射,大爆炸之后逐渐形成的纤细物质(t,ε) 就是这70% 的宇宙能量。① 纤细物质不发光。② 尚未结团,并且长时间没有大的结团。在宇宙中大尺度均匀(显然,在小尺度也是均匀的)。③ 纤细物质与本底时空元($\Delta t,\Delta E$) 一起,还可以表现得压强 P 与能量密度 ρ 相当,$P \sim -\rho$。好像它们一起使宇宙加速膨胀。其实(t,ε) 对膨胀无贡献。④ 显然,在我们认识的物质和辐射之中,(t,ε) 不是物质,也不是辐射。把(t,ε) 看作比中微子穿透能力还强许多的类辐射可能更实际一些。

这4 个特点或前3 个特点,恰好是宇宙学里人们叫作暗能量的东西。人们把引起宇宙加速膨胀的宇宙内容物名之为暗能量然后加以追寻。观测告诉我们,宇宙中70% 的能量不知为何物。于是暗能量同时也得为这么庞大的宇宙能量的下落负责。暗能量这个名词虽然至今物理意义不确,但它兼有宇宙斥力源和70% 宇宙内容物下落之二任于一身。长期从根本上挑战物理学。

我们认为,宇宙的内容物中(t,ε) 显然比物质与辐射之和大得多。由附录5 可知,它太巨大了,这70% 就是(t,ε)。

显然引起宇宙加速膨胀的($\Delta t,\Delta E$) 与占据宇宙70% 能量的(t,ε) 是两个存在。因为上边的第 ③ 条,以前把他们在概念上搞混了。含大量(t,ε) 的本底时空是大尺度平直的,局域也是近似平直的,它可能就是闵氏四维世界。这就极易造成($\Delta t,\Delta E$) 与(t,ε) 功能的混淆。

以下就真空能、宇宙常数、暗能量作出小结:

1. 现在可以明确,作为数学的宇宙常数 λ,它所代表的物质过程,其实就是本底时空的斥力。它的数量是引力平衡过的。见附录15。

2. 不存在暗能量的斥力作用。在我们看来,暗能量之所以是真实存在的,是因为它就是人们正在追寻的至今没有下落的宇宙能量的那个 70%。暗能量是什么？暗能量就是充斥宇宙的纤细物质(t,ε)。

在附录 5 已求得(t,ε)的平均密度为 $3.15\times10^{-9}\mathrm{erg/cm^3}$（量级），符合预期。

附录 4　引力热与微观结团

处在本底时空$\{(\Delta t,\Delta E)\}$之中的纤细物质(t,ε)是相互独立的分立体。它与$(\Delta t,\Delta E)$的集聚必然发生，但具有随机发生的形式。由此造成(t,ε)与其他(t,ε)的相互运动。(t,ε)之间的相互运动也是随机的。显然，必然发生的引力过程也必然把$(\Delta t,\Delta E)$的一部分能量变成了热运动。在这里，引力运动必然引发热运动。我们把这种热叫引力热。参见附录 14。

(t,ε)温度越高，引力作用越强烈。可见引力常数 G 的值是变化的。

引力热具有宇宙规模，但由于宇宙作抗拒引力的膨胀，引力热引发的温升或多或少地被抵消了。

(t,ε)的热运动引发微观粒子的温升的温度条件我们还不知道。但$(\Delta t,\Delta E)$与$\{(\Delta t,\Delta E)_m\}$的引力过程引发的分立颗粒的热运动，肯定会引起参与的微观粒子的某种温度变化。因此，宇宙的熵总的是在增加。

本底时空中必然有纤细物质，可以把纤细物质的温度定义为本底时空的温度。这个温度肯定高于热力学第 3 定律所说的绝对零度。

引力热会造成宇宙膨胀的倾向，因此与宇宙常数并列，可以加进一项热的斥力表达 $-hg_{\mu\nu}$。这里 h 代表了引力热的斥力作用。

$$R\mu\nu-1/2Rg_{\mu\nu}-\lambda g_{\mu\nu}-\eta hg_{\mu\nu}=-8\pi GT_{\mu\nu}$$

引力方程加进一项 $-hg_{\mu\nu}$ 之后，它就有了时间方向，因为整个宇宙可以看作一个绝热系统。熵增指示了这个方向。系数 η 只是用于调整量纲。

关于极端普遍性，对于引力说的话，对热也适用；反过来，对于热说的话，对于引力也适用。这就是热与引力的对称性。因此，时间方向只有一个指针，它就是热力学第二定律所指的熵增方向。已往的其他物理定律都没有时间方向。是因为我们关于它们隐含了一个假定：这些定律都是在绝对零度成立。静电荷的库仑定律在电荷运动时得换成麦氏方程。静物体的牛顿万有引力在物体运动时得换成爱因斯坦方程。热量对绝对零度的否定，像运动对静止的否定一样，都引发本质性改变。绝对零度时的物理定律处在非零温度时，必然要考虑温度的作用而对原来的物理定律有所改变。改变后的物理定律或方程就带上了熵所指的时间方向。像由有限进入无限一样，由零进入有限也有质变。

热力学第二定律是宇宙中各种事物的唯一时间指针。

如果由于某种客观机制造成极大量密集的（$\Delta t, \Delta E$），这种情况下的（$\Delta t, \Delta E$）要比我们当下本底时空密集得多。几乎无限密集的独一无二的特殊条件，是绝对不寻常的。这里的（$\Delta t, \Delta E$）必然在短时间内大量集聚成（t, ε）。引力常数 G 变得极大。密集的（t, ε）的热运动使得温度急速上升。引力常数 G 进一步变的更大，温度和压力再进一步上升。温度和压力都指数式地上升。显然，引力热造成的高温高压，可以达到我们所能想像的任何程度。这个大压缩过程当温度和压力达到某一个临界值之后，反转过来由热的斥力占据主导地位。这样的高温高压如果有宇宙规模，就是宇宙大爆炸。因此，宇宙的时间起点是很不确切的。然而大爆炸的地点却是很确切的，它就在我们每个人的鼻子低下。现在的任何地方，当年都在一起。（见附录 16）

我们认为，是大爆炸的高温高压条件造成了微观结团才有了粒子。已有的看法是，宇宙大爆炸之后的减速经历了大约 60 亿年，才进入宇宙常数的加速膨胀期。关于粒子形成更详细的情况，见附录 11。

（t, ε）稳定直接依赖于时间的单向性。集聚成（t, ε）还未达到微观结团的水平。形成粒子，才是微观结团。一些粒子的稳定，是因为放出了结合能，例如中子和质子结合成氘，要放出 2.2MeV 的辐射。这种方式一直延续到化学，例如放热反应。

大爆炸不是瞬时完成，而是一个过程。在这个过程的一些微观结团形成了粒子的砖块。这是一个历史过程。这些砖块还会搭出别的粒子。人们总是单纯地找必然规律，其实，粒子物理学也要研究偶然性。大爆炸的高温高压只是对于我们才是一个独一无二的条件，这个条件的具体数量，肯定不是温度无限高，压力无限大。这个条件带有偶然性，才形成了我们面对的 800 多种粒子和粒子砖块，而不是别的粒子。既成事实对后边当然就是规律。粒子物理并不是最终的必然，而是最终必然的偶然表现。某种必然促成大爆炸，大爆炸在历史上形成了微观结团，这些结团当然以其存在各行其是，对我们这就是确切的规律，因为别的可能的砖块会有别的规律，但与我们无关。见附录 16。

另外，历史地形成的微观结团与时空的关系，统一加以认识才会全面，在我看来，本底时空真的体现了最终的必然性或者离最终必然性更近一些。双缝实验告诉我们，不存在单独的粒子，粒子与时空的统一体才是真实的。粒子是($\Delta t,\Delta E$) 形成的一定形式的高维卷缩结构。它有三维伸展开来与本底时空一致，但更高的维数则向内部卷缩。它的时间方向与本底时空时间方向相同，都指向未来，但卷缩内部的时间与外部时间相比，当然发生了膨胀。在这种结构所占据的本底时空中的某一个邻域，时空发生了弯曲。双缝实验显示了这种弯曲。如果我们知道了电子通过那个缝，干涉图样就消失了。不是空间上的双缝在时间上也有了分布，而是每个电子自己干涉自己。但是它总保持自己的分立性。这个事实也说明，时间与空间并不总是平等的(见附录11)。作为高维卷缩结构的微观粒子，它还有 3 + 1 维与本底时空相连。粒子太小了，这种相连的影响应该容易改变它们的行为。

因为粒子是特定的高维卷缩结构，而粒子的时间性质由本底时空决定，粒子与本底时空中其他高维卷缩结构也有相互作用。这些作用共同决定粒子的时空性质。因此，粒子是分立的，但却没有确定的边界，至少没有我们熟知的宏观意义上的边界。

高维卷缩结构与本底时空无时无刻都在发生相互作用。黑洞的引力，特别是高密度的白矮星和中子星的引力，都使我们想到，在影响引力大小的别的因素之外，卷缩维也是增强引力的因素。如果可以用不涉及引力的方法确定质量，又能区分是否卷缩维，就可以用实验判定卷缩维对引力的影响。

粒子的静质量是从何而来？正负电子对湮灭成光子对，在高温下光子碰撞产生电子对，

$$\gamma + \gamma \leftrightarrow e^{+} + e^{-}$$

这里静质量的消失和产生与真空无关。我们注意到，粒子的密度极大，是典型的高维卷缩结构。如果假定静质量为零的光子，它在传播中有解卷缩与再卷缩的交替过程，那么，与静质量总是有对应关系的就只有高维卷缩结构。一个高维卷缩结构是密度超过临界值的能量团形成的卷缩维与伸展的四维的局域统一体。这个统一体相对于伸展的四维时空的其他卷缩结构，统一体的行为就表现为静质量。如此看来，用高维卷缩结构来刻画静质量，显得更直观，更易于理解它的动力学性能。关键是，它成了一个刚性理论的一个自然而然的结论，而不是为了应对实验事实而做出的零碎改装。

任何自由粒子走的都是时空测地线。粒子的运动轨迹即使宏观上看来是直线或光顺的曲线，实际上也是十分曲折而复杂的。粒子的运动过程一直是随机的：测地线会通过单纯四维空时区域，也可能穿过高维卷缩区域。粒子表现为高频的振动，粒子的波动性因而成为固有性质。时空在无休无止地高速变化着，好像一个人静静地坐着，但是他的血液总是急急忙忙流个不停。时空测地线在强烈振动。而$(\Delta t, \Delta E)$的一个特定的高维卷缩结构与测地线的共振，则是一个实在粒子的常态。不是量子沸腾破坏了时空的光滑，而是时空的随机高速运动逼着微观沸腾，从而发生量子涨落。任何观测都是改变粒子所在的测地线，并且破坏粒子的现有边界。观测一旦实施，

观测对象已是另外一个粒子了。因此,我们不知道粒子是否在点(t,$\boldsymbol{r}$),只知道粒子在(t,$\boldsymbol{r}$) 点的概率。

我们把宏观运动看惯了,但是局域时空结构对微观粒子的影响程度,远大于时空对宏观石子影响的程度。微观粒子的大小,也没有我们认为的宏观石子的清晰边界。所谓理解量子力学,就是把物理规律全部纳入我们熟悉了几千年的逻辑。但是还不知道这个目标本身是否真的存在?

总之,大爆炸的高温高压迅速形成了最初的微观结团,2.7K 的背景辐射是最初微观结团的部分遗迹。而在最初的微观结团的基础上进一步的结团才形成了宇宙规模的氢核和氦核。二者所占宇宙元素丰度以质量计,就是人们熟知的大约76% 和23% 。我们的宇宙,就是从某一部分浪浪消解开始的一个带有偶然性的有始有终的必然过程。

附录5　计算 ΔE 的值

计算 ΔE 的值,只到量级。

弦论和圈量子引力都以 10^{-33}cm(普朗克长度量级) 为最小距离。为了完成初步计算,假定这是对的,那就是 ΔE 对应的距离。每一个 ΔE 的能量,造出一个最小体积 10^{-99}cm^3 作为本底时空的一部分。当下宇宙寿命是 137 亿年,宇宙的半径被估为大约 460 亿光年,即 4.6×10^{28}cm(量级)。体积 10^{86}cm^3(量级)。这些空间全是由 ΔE 的本底空间存在形式构造成的。如果我们先不考虑本底时空的高维卷缩结构,而是假定宇宙能量形式全是本底时空形式,我们就可以估计 ΔE 的值,然后再加以修正。因此宇宙中共有 10^{185} 个 ΔE 以本底空间形式存在着。

如果知道宇宙的当下密度 ρ_0,就可以利用实验观察结果计算当下宇宙的总能量。但是可以认为 ρ_0 尚属未知(见附录15)。然而,我们知道 ρ_0 与宇宙的临界密度 ρ_c 很接近。不论谁大谁小,只要接近,就可

以用 ρ_c 近似代替 ρ_0 来估计 ΔE 的值。ρ_c 目前的公认估值是 $5\times10^{-30}\text{g/cm}^3$（量级），大约相当于每立方米 3 个核子。估出 ρ_c 所用的公式是 $\rho_c=\dfrac{3H^2}{8\pi G}$，$H$ 是哈勃常数。宇宙的总能量是 $5\times10^{56}\text{g}$，ΔE 的上限为 $5\times10^{-129}\text{g}$。

有 2 个因素调整这个估值。

1. 流时论认为 $\rho_0>\rho_c$，因此宇宙总能量用 ρ_c 是估小了。当然小得非常少，不足以改变量级。

2. 宇宙中“物质”和辐射约占 30%，暗能量约占 70%。如果把暗能量与本底时空能量全归入本底时空能量，$\Delta E=5\times10^{-129}\text{g}$ 还是估大了。因为 30% 的其他能量无论如何是不能归入本底时空能量的。

综合 1 与 2 两因素，则 $\Delta E=1.5\times10^{-129}\text{g}$ 是恰当的。但是，我们已经说过，暗能量是纤细物质 (t,ε)。本底时空的能量密度在一个相当长时间内可以认为是严格不变的。纤细物质却不断地从本底时空获得新的增加。纤细物质进一步微观结团的高温高压条件再没有以大爆炸的条件出现过，纤细物质会永久保存。因此 (t,ε) 与本底时空能量相比，纤细物质大出若干个量级是合理的。由于真空名义下的观察数据，我们把这个量级估计为 10^5。即认为本底时空能量与纤细物质能量的总和之中，暗能量所占量远在 99% 以上是合理的。去掉前边数据中这个高估的量，ΔE 的较准确估值（量级）应为

$$\Delta E=1.5\times10^{-134}\text{g}$$

或 $\Delta E=1.35\times10^{-120}\text{J}=1.35\times10^{-113}\text{erg}=9.36\times10^{-102}\text{eV}$

于是可以求出宇宙中 ΔE 的平均数密度是

$\rho_E=3.33\times10^{104}/\text{cm}^3$（量级）

以下给出几种情况下的 ΔE 的数密度。宏观物质以金属锇（O_S）的密度 22.57g/cm^3 为最大。换算成 ΔE 的数密度为 $\rho_o=1.5\times10^{135}/\text{cm}^3$（量级）。各种原子的半径都在 10^{-8}cm 量级。质子的质量为 $1.67\times10^{-24}\text{g}$。电子质量 $9.11\times10^{-28}\text{g}$，半径 10^{-16}cm。电子的密度大约是 10^{20}g/cm^3。换算成 ΔE 的数密度 $\rho_e=6.67\times10^{153}/\text{cm}^3$。各种原子

核密度相同，都是 $10^{14}g/cm^3$。质子的 ΔE 的数密度 $\rho_p = 6.67 \times 10^{147}/cm^3$。

以下列出各种物质的 ΔE 的数密度（量级）：

宏观金属锇 $\rho_o = 1.5 \times 10^{135}/cm^3$；

电子 $\rho_e = 6.67 \times 10^{153}/cm^3$；

质子 $\rho_p = 6.67 \times 10^{147}/cm^3$。

地球上宏观的几何是欧氏几何，这是我们都亲见亲历的。因此，$1.5 \times 10^{135}/cm^3$ 还不会生出新的维而形成高维卷缩结构。至少这样的平均密度是容许欧几里得的。电子是典型的高维卷缩结构。它的密度是一个值得关注的值。它有助于我们寻找产生新维的密度临界值。质子不是典型的高维卷缩结构，因为它由夸克组成。它是高维卷缩结构的联合体。

（1）以本底时空形式存在的 ΔE 的总量约为 $1.5 \times 10^{51}g$，约占宇宙总能量的百万分之一（10^{-6}）。这就是我们平常所说的大尺度平直的四维时空。本底时空的能密度是 $1.5 \times 10^{-35}g/cm^3$，可以实验检验。

（2）以纤细物质 (t, ε) 形式存在的能量的总量约为 $3.5 \times 10^{56}g$，它均匀地分布在宇宙空间之中。它就是我们至今不知其下落的暗能量，也就是我们平常所说的真空的一部分。暗能量的平均密度是 $3.15 \times 10^{-9}erg/cm^3$（量级）。与现在的估计值 $6 \times 10^{-9}erg/cm^3$ 量级相同。

（3）星系、2.7K 辐射、暗物质以及目前我们略知其踪迹的其他宇宙微观存在物的能量总量约为 $1.5 \times 10^{56}g$。它们是曾经历过大爆炸高温高压炼狱的 $(\Delta t, \Delta E)$ 形成的高维卷缩时空，以分立的微观结团重叠在本底时空的四维时空之中的高维结构。可能就是弦论所说的四维平直七维卷缩的 11 维时空。不过弦论的 11 维是弦的舞台，弦要在其中振动、缠绕才表演成微观粒子。流时论认为这一个一个的 11 维卷缩结构自身就是粒子。

（4）如果假定 Δt 可以取为 $10^{-43}s$，则有 $(\Delta t, \Delta E) = 1.35 \times 10^{-156}erg \cdot s$

为了便于比较，集中列出四个密度值。

宇宙临界平均密度 $\rho_c = 5 \times 10^{-31} g/cm^3$。

宇宙当下平均密度 $\rho_0 = 2 \times 10^{-31} g/cm^3$。（光度法，可能偏小）

本底时空平均密度 $\rho_\Delta = 1.5 \times 10^{-35} g/cm^3$。（同时作为 $\left|\frac{\lambda}{4\pi G}\right|$ 下限，见附录18）

真空平均密度上限 $\left|\frac{\lambda}{4\pi G}\right| = 4 \times 10^{-29} g/cm^3$。（见附录18）

附录6　没有物质的物理

这则附录要证明，引力场方程隐含了本底时空 $\{(\Delta t, \Delta E)\}$ 的存在。[这则附录的大致结构是，用引力张量势 $h^{\mu\nu}$ 的线性方程式(6－1)近似弱场。利用局域测地坐标在小邻域的平直性质，借助微扰公式(6－3)得到公式(6－4)，并在局域测地坐标下利用3个条件进一步得到一般的严格场方程式(6－8)。这个过程的好处是各引力源明确，与场相关的能量－动量张量明确。最后在各测地坐标看与 $\eta_{\mu\nu}$ 正比的能量－动量张量 $-\frac{\lambda}{4\pi G}\eta_{\mu\nu}$。这些都已是为人所知。因为对附录很有用，罗列出来使问题表现集中。可以不看这些，只从后文标明讨论字样开始看我们关心的结论：存在本底时空。]

引力场方程左边是场的能量和动量，右边是物质的能量和动量。本底时空是真正平直的，它没有物质意义上的 $T\mu\nu$ 的任何存在。我们要着重研究左边。线性方程的好处是，它把爱因斯坦的一般方程左边的主导部分显露明确，物理意义清楚。

电磁波与引力波都是横波，它们有许多相似之处。人们利用麦氏方程的启发去探究引力场。与电磁四维矢量势 $A^\mu = (\Phi, Ax, Ay, Az)$ 对应的，我们要寻找引力张量势 $h^{\mu\nu}$ 的线性方程。因为引力源 $T^{\mu\nu}$ 是二阶张量，引力势必定是张量而且 $h^{\mu\nu} = h^{\nu\mu}$。

把线性条件强加进来，人们已经得到了引力场最普遍的广义相对论近似方程，

$$\partial_\lambda \partial^\lambda h^{\mu\nu} + \partial^\mu \partial^\nu h - (\partial_\lambda \partial^\nu h^{\mu\lambda} + \partial_\lambda \partial^\mu h^{\nu\lambda}) - \eta^{\mu\nu}\partial_\lambda \partial^\lambda h + \eta^{\mu\nu}\partial_\lambda \partial_\sigma \partial^{\lambda\sigma}$$

$$= -kT^{\mu\nu} \qquad (6-1)$$

其中 h 是 $h^{\mu\nu}$ 的迹，$h = h^\sigma_\sigma$，$\eta^{\mu\nu}$ 是闵氏度规，k 是引力与物质的耦合常数。

对于弱场，实验认可这个近似的精度。线性方程中引力场对自身没有作用。看来恰好弱场对自己的作用可以略去。

式(6 - 1) 表明，弱场的线性近似引力场方程中含有与 $\eta^{\mu\nu}$ 成正比的项。

$$(-\partial_\lambda \partial^\lambda h + \partial_\lambda \partial_\sigma h^{\lambda\sigma})\eta^{\mu\nu} \qquad (6-2)$$

在严格的引力场方程中是不容易看到这一点的。与 $\eta^{\mu\nu}$ 成正比的项有什么物理意义呢?

令 $g_{\mu\nu} = \eta^{\mu\nu} + kh_{\mu\nu}$ (6 - 3)

如果 $|kh_{\mu\nu}| \ll 1$，实际上是对闵氏度规 $\eta_{\mu\nu}$ 的一个微扰。于是式(6 - 1) 成为：

$$\partial^\lambda \partial_\lambda g_{\mu\nu} - \partial^\lambda \partial_\nu g_{\mu\lambda} - \partial^\lambda \partial_\mu g_{\nu\lambda} + \partial_\mu \partial_\nu g^\sigma_\sigma - \eta_{\mu\nu}\partial_\lambda \partial^\lambda g^\sigma_\sigma + \eta_{\mu\nu}\partial^\lambda \partial^\sigma g_{\lambda\sigma}$$

$$= -k^2 T_{\mu\nu} \qquad (6-4)$$

设在时空任一点 P 引入一个新的坐标 X'^μ。使两个下标对称的克里斯托夫符号在 P 点为 0，$\Gamma'^\mu_{\alpha\beta}(p) = 0$，在 P 点的测地线方程成为

$$\frac{d^2 x'^\mu}{ds^2} = 0$$

即在 P 点的一个邻域里，测地线是一条直线。在 P 点的测地线构成一个直角坐标，它就是 P 点的局域测地坐标。就是用一个在 P 点与弯曲空时 x^μ 相切的小的平直时空代替 P 点的局域弯曲时空。在这个小的平直时空利用线性近似式(6 - 3)，写出在 P 点的严格的非线性引力场方程，然后由局域测地坐标 x'^μ 变换到弯曲时空 x^μ。从而得出严格方程。

为得到 $g_{\mu\nu}$ 满足的严格非线性方程，对该方程引进如下限制：

（1）方程在广义坐标变换下是不变的。

（2）在线性近似下方程化为(6 - 4) 式。

（3）方程是二阶微分方程,并且对二阶导数是线性的。

注意在局域测地坐标 x'^{μ},

$$g'_{\mu\nu} = \eta_{\mu\nu} \quad (6-5)$$

$$g'_{\mu\nu,\alpha} = 0 \quad (6-6)$$

已得到满足这三个条件的方程

$$\partial'^{\lambda}\partial'_{\lambda}g'_{\mu\nu} - \partial'^{\lambda}\partial'_{\nu}g'_{\mu\lambda} - \partial'^{\lambda}\partial'_{\mu}g'_{\nu\lambda} + \partial'_{\mu}\partial'_{\nu}g'^{\sigma}_{\sigma} - \eta_{\mu\nu}\partial'_{\lambda}\partial'^{\lambda}g'^{\sigma}_{\sigma} + \eta_{\mu\nu}\partial'^{\lambda}\partial'^{\sigma}g'_{\lambda\sigma} = -k^2T'_{\mu\nu} \quad (6-7)$$

这是测地坐标 x'^{μ} 下的严格场方程。

把式(6 - 7) 左边前4 项乘上1/2 后记为 $R'_{\mu\nu}$。左边正比于 $\eta_{\mu\nu}$ 的后两项乘上1/2 记为 $-1/2\eta_{\mu\nu}R'$,得到局域测地坐标 x'^{μ} 下的严格方程

$$R'_{\mu\nu} - 1/2\eta_{\mu\nu}R' = -1/2k^2T'_{\mu\nu}$$

坐标 x'^{μ} 下 $g'_{\mu\nu} = \eta_{\mu\nu}$。

$$R'_{\mu\nu} - 1/2g'_{\mu\nu}R' = -1/2\kappa^2T'_{\mu\nu}$$

取 $k^2 = 16\pi G$,从 x'^{μ} 变换到 x^{μ},

$$R_{\mu\nu} - 1/2g_{\mu\nu}R = -8\pi GT_{\mu\nu} \quad (6-8)$$

式(6 - 8) 是通常的爱因斯坦引力场方程。注意

$$R_{\mu\sigma} = \Gamma^{\nu}_{\mu\sigma,\nu} - \Gamma^{\nu}_{\nu\sigma,\mu} + \Gamma^{\lambda}_{\mu\sigma}\Gamma^{\nu}_{\lambda\nu} - \Gamma^{\lambda}_{\nu\sigma}\Gamma^{\nu}_{\lambda\mu} \quad (6-9)$$

$$\Gamma^{\sigma}_{\mu\nu} = 1/2g^{\sigma\rho}(g_{\rho\mu,\nu} + g_{\nu\rho,\mu} + g_{\mu\nu,\rho}) \quad (6-10)$$

可见式(6 - 8) 的左边对 $g_{\mu\nu}$ 二阶导数的依赖是线性的,对 $g_{\mu\nu}$ 一阶导数的依赖是二次的。而且左边还含有 $g_{\mu\nu}$ 的逆 $g^{\mu\nu}$。

现在我们清点式(6 - 8) 中的引力源。引力源当然是能量 - 动量张量。

右边是物质的能量 - 动量张量引力源 $T_{\mu\nu}$。凡左边的项都描写场能量 - 动量张量。因为左边所描写的引力场本身就是能量。左边 $g_{\mu\nu}$ 导数的线性项描写的场能量 - 动量张量不是当下这个引力场的引

力源。由式(6－9)和式(6－10),非线性项和含 $g_{\mu\nu}$ 的逆 $g^{\mu\nu}$ 的项所描写的能量－动量张量有可能不止一次地成为当下这个场自身的引力源。如果宇宙常数 λ 不为0,则式(6－8)必须包括含 λ 的项,

$$R_{\mu\nu} - 1/2Rg_{\mu\nu} - \lambda g_{\mu\nu} = -8\pi GT_{\mu\nu} \quad (6-11)$$

显然 $-\lambda g_{\mu\nu}$ 描写的能量－动量张量不是当下引力场自身的场引力源。因为可以把式(6－11)写成

$$R_{\mu\nu} - 1/2Rg_{\mu\nu} = -8\pi G\left(T_{\mu\nu} - \frac{\lambda}{8\pi G}g_{\mu\nu}\right)$$

式中 $-\frac{\lambda}{8\pi G}g_{\mu\nu}$ 描写的能量－动量张量不是物质能量－动量张量,却与物质能量－动量张量 $T_{\mu\nu}$ 有相同的数学位置。这样一来,它既不是场能量－动量张量,又不是物质能量－动量张量,它是一个额外的能量－动量张量。按照爱因斯坦当初添加 λ 的意图,这个能量－动量张量与物质的能量－动量张量 $T_{\mu\nu}$ 没有联系,它只与没有物质的空虚的空间相联系。因为已知 λ 非常小,或者说,在局域测地坐标中,由式(6－5),本来就有 $g_{\mu\nu} = \eta_{\mu\nu}$,因此,在局域测地坐标中,能量－动量张量 $-\frac{\lambda}{8\pi G}g_{\mu\nu}$ 正比于 $\eta_{\mu\nu}$。从而,在这些坐标系看来,与 λ 相关的这些能量和动量的分布是均匀各向同性的,在测地坐标也是洛仑兹不变的。

讨论:

宇宙常数是没有物质的物理。但是,因为宇宙加速膨胀,λ 却是真实的物理存在。

空无一物的虚空中这些分布均匀各向同性的能量和动量是什么呢?因为这些能量和动量与 $\eta_{\mu\nu}$ 成正比,不可能是真空涨落。如此地分布均匀各向同性没有了一点随机性。λ 是如此的小,更不可能是某种原因抹平了的随机涨落。经典和量子都没有这些能量和动量。

本底时空 $\{(\Delta t, \Delta E)\}$ 是绝对均匀的,绝对各向同性的,作为空间形式存在的能量也是高度稳定的。因此 λ 只能是本底时空的能量

和动量。式(6 - 2) 告诉我们,弱场的引力方程已涉及到本底时空的能量和动量。我们并不真正了解强场,但是我们估计本底时空的能量和动量总是会自动出现在任何形式的引力方程中。总之,我们可以说,引力场方程隐含了本底时空的存在。如果我们相信本底时空的存在,λ 就不是没有物质的物理。

利用附录 5 我们求得这种分布均匀各向同性的本底时空的能量密度是 10^{-35}g/cm^3(量级),与电子质量 10^{-28}g 和质子质量 10^{-24}g 比较,有一个直观感觉。通过取零点能量子场论把如此庞大的能量忽略不计,引力场方程把它们找回来了。

附录 7　($\Delta t,\Delta E$) 的信息矩阵

序性归结为时间的单向性。($\Delta t,\Delta E$) 是信息的物质载体。

如果我们认为热和引力是最基本的 2 种运动形式,而其他运动形式是由这两者派生出来的,例如视强力和弱电力都是某种形式的派生,那么,一个($\Delta t,\Delta E$) 所带的序性,就是两对0 与1。4 个比特一个状态。基本信息还是0 和1。这就是($\Delta t,\Delta E$) 所带的全部信息。任何的存在都是有限的能量,它的信息也是有限的。1g 能量由 10^{134} 个(Δt, ΔE) 构成,1g 能量包含的信息是很大的。

设置 0 和 1 是为了区分状态中的热和引力。热与引力怎样分配这些信息,我们作如下讨论。

一个($\Delta t,\Delta E$) 的信息矩阵共有 4 个。

$$\begin{bmatrix}1 & 0\\0 & 1\end{bmatrix}\quad\begin{bmatrix}0 & 1\\1 & 0\end{bmatrix}\quad\begin{bmatrix}1 & 1\\0 & 0\end{bmatrix}\quad\begin{bmatrix}0 & 0\\1 & 1\end{bmatrix}$$

$$I = \begin{bmatrix}1 & 0\\0 & 1\end{bmatrix}$$

$$Y = \begin{bmatrix}1 & 1\\0 & 0\end{bmatrix}$$

$$R = \begin{bmatrix} 0 & 0 \\ 1 & 1 \end{bmatrix}$$

$$X = \begin{bmatrix} 0 & 1 \\ 1 & 0 \end{bmatrix}$$

这4个阵构成一个半群，因Y、R无逆，广义逆又不好用，不构成群。只有$\{I,X\}$构成群，并且是一个阿贝尔群。

写成矩阵是为了找到信息之间的运算关系。

本底时空元$(\Delta t,\Delta E)$虽然带有热的信息，但是，不管状态如何，$(\Delta t,\Delta E)$一定要参与集聚。这是必然要发生的。信息矩阵的运算必须要考虑这一点。引力热同样也要接着发生，因此，熵不减怎样表现出来也要考虑。

没有热因素参与的物质构造理论一定是不完全的。但是，热不像4种力那样有一个集中的形象。热从现象到本质总给人以散碎的感觉。几乎找不到热具体在什么地方，但它又无处不在。不存在"热质"是热达到无限普遍的原因之一。热现象是如此的真实，热本质是如此的散碎，只有热的4个定律，特别是第二定律，才使得热在物质本性中具有刚性。

热就是乱，作了功更乱。没有作功以前的较为不乱却是真实存在的。说明热的乱的背后有一个原因，这个原因自己总不肯乱。与其对称的，熵就是不肯减少。乱是原因安排的吗？

量子力学与此很有相似之处。量子力学不承认经典的决定论，它有自己的一套决定论。量子货币从来不肯印半分钱。

估计$(\Delta t,\Delta E)$中包含了这个"背后的原因"，这就是由时间的单向性决定的并且由$(\Delta t,\Delta E)$所携带的序性。其形式则是由简单规则重复成定律和复杂的公式。

现在我们用一个阿贝尔群给出$(\Delta t,\Delta E)$的部分信息，它关系到熵增的最后机制。设一个$(\Delta t,\Delta E)$的状态由矩阵I描写，记为$(\Delta t,\Delta E)^I$，那么$(\Delta t,\Delta E)^I$与$(\Delta t,\Delta E)^I$的集聚就得到$(t,\varepsilon)^I$。以I表示$(\Delta t,\Delta E)$处于引力态，X表示处于热态。则有$(\Delta t,\Delta E)^{IX} \rightarrow (t,\varepsilon)^X$，

$(\Delta t,\Delta E)^{XX}\rightarrow(\Delta t,\Delta E)^{I}$。集聚包含了矩阵的乘法。而 $XX = \mathrm{I}$ 则永远地消灭了 X。我们以 X 的消失表示熵增。X 再不复生就表示了熵是不减的。无论如何,物质构造理论中必须包含熵这个必要的因素。

这个阿贝尔群的元素只有三个运算,值得注意,任何运算都与引力有关。信息不是消灭了,而是隐藏了。

由越是基本越简单这个原理,我们相信$(\Delta t,\Delta E)$携带的信息不会多。熵是大自然天然的时间指针。$(\Delta t,\Delta E)$中 X 的消失是记录时间 t 的一声嘀嗒。我们建议尝试用上述方法把热引进物质结构理论。大爆炸的极高温度之后,粒子内部的熵即使不再增加了,已有的熵不减也是粒子稳定的因素。

如附录 4 阐明的,大爆炸的热来自引力热。在极端温度下,只有引力和热共同起作用。温度下降的任何过程都有引力过程,但是,当温度下降到一定程度,这条线开始分岔。电弱强之力分离出来,因为在高温中已有了亚原子粒子。温度下降之后,它们作为灰烬也作为独立存在保存下来了。先发生的事物,对后边就是规律。粒子理论的金科玉律就是对大爆炸中引力与热过程这个偶然事件的回顾。

附录 8　克鲁斯卡坐标下的白洞

这则附录关心白洞的物理真实性。

(知道史瓦西黑洞、克尔黑洞的克鲁斯卡坐标及其彭罗斯图的读者,可以不看前面,只看“讨论”字样之后的几段话,体察流时论假设的合理性。)

史瓦西度规(球标,$C=\hbar=G=1$)

$$ds^2=-\left(1-\frac{2M}{r}\right)dt^2+\left(1-\frac{2M}{r}\right)^{-1}dr^2+r^2d\theta^2+r^2\sin^2\theta d\phi^2 \qquad (8-1)$$

在 $r=0$ 的奇异性是史瓦西空间的内禀性质,通过坐标变换不能消去。用克鲁斯卡坐标表示史瓦西时空线元

$$ds^2=\frac{2M}{r}e^{-r/2M}(-dT^2+dR^2)+r^2d\theta^2+r^2\sin^2\theta d\phi^2 \qquad (8-2)$$

由式中号差判定 T 是时间坐标，R 是空间坐标。而式子

$$16M^2(\frac{r}{2M}-1)e^{r/2M}=R^2-T^2 \qquad (8-3)$$

确定 R、T 与 r 的关系。式中 $r>2M$。$\{T,R,\theta,\phi\}$ 即为克鲁斯卡坐标。用式(8－2)对史瓦西黑洞的讨论结果，在克鲁斯卡坐标图上都可以看到，而且克氏坐标把史瓦西时空表现得更完备。把图 8－1 中每一点都看作一个二维球面，这个图就是4维的了。由式(8－3)，当 $r=2M$，有 $R^2-T^2=0$。图中曲线是 $r=0$ 部分，阴影是 $r<0$ 部分，都不属于时空。两条斜线 $N1N2$ 是视界，在视界上 $r=2M$。A 区是黑洞的外部宇宙($r>2M$)。A 区、黑洞区、白洞区都是 A 区的延拓。

A 区、黑洞区、$N1$ 视界三者是一个连通流形。在 A 区出发的类时曲线穿过 $N1$ 进入黑洞区。但从黑洞中任何点出发并且向前的类时曲线都不能进入 A 区，并且必然进入奇点 $r=0$。$N1$ 是单向膜 B 区、黑洞区、$N2$ 连通。从 B 区的点出发的类时曲线穿过 $N2$ 进入黑洞。$N2$ 也是单向膜。于是，A 区与 B 区之间无任何因果关系。人们说这两个“宇宙”不通任何信息。白洞区类时曲线可以穿过单向膜 $N2$ 进入 A 区，但不允许反向。白洞区类时曲线可以穿过单向膜 $N1$ 进入 B 区，但不容许反向。

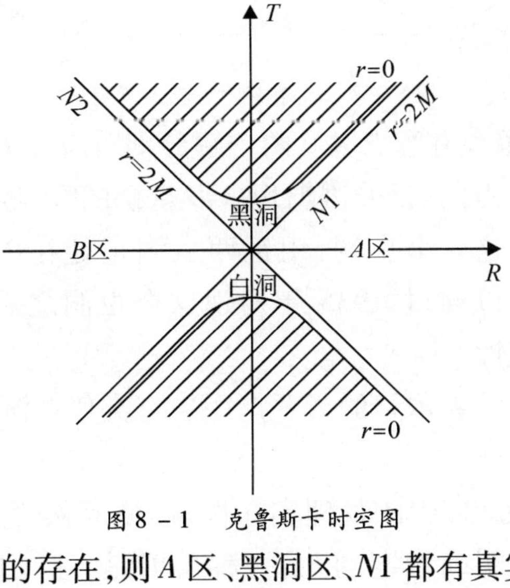

图 8－1　克鲁斯卡时空图

如果黑洞真的存在，则 A 区、黑洞区、$N1$ 都有真实的物理意义。B

区由与 A 区对称而来，黑洞区时间反演得出白洞。对 B 区、白洞区的物理真实性看法不一。虽然有各种肯定的看法，但是断然否定这个白洞不符合我们的直觉。因为物理史上的创新多了，对于对称出来的东西，在束之高阁之前，最保险的办法就是再看一看与此相关的进展。

图8－1通过共形坐标变换得到图8－2。变换把无限时空压缩成有限的线。图中每一点都代表以 r 为定值的一个二维球面。变换的保角性保证两根 $r=2M$ 线仍然是45°交角。它们的交点0叫作爱因斯坦－罗森桥。是第一个被发现的虫洞。0点把 A、B 两个"宇宙"分开，互不通信息。在式(8－3)中令 $T=0$，得：

$$16M^2\left(\frac{r}{2M}-1\right)e^{r/2M}=R^2$$

$$R=\pm 4M\left(\frac{r}{2M}-1\right)^{1/2}e^{r/4M}$$

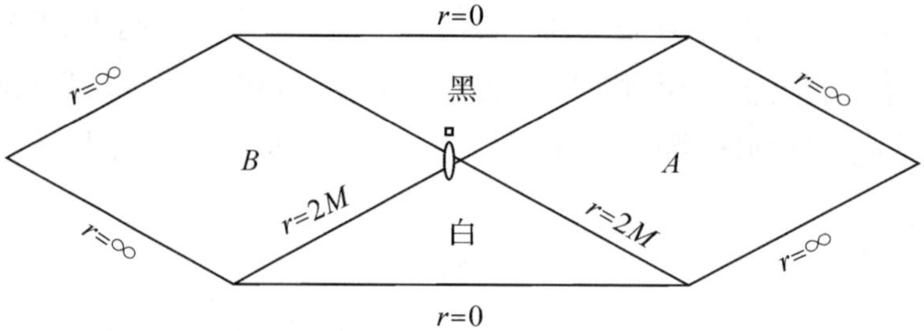

图8－2　克鲁斯卡时空彭罗斯图

当 $r>2M$，$R>0$ 和 $R<0$ 两个解分别对应 A、B 两个"宇宙"。对应于图8－2的0点的，是爱因斯坦－罗森桥的喉。喉的半径 $r_g=2M$。史瓦西时空只有这一个虫洞。史瓦西虫洞正处在事件视界，因此只有超光速粒子可以通过。1935年发现这个虫洞之后，爱因斯坦认为它没有物理实在性。

引力场方程的克尔解的彭罗斯图也有类似白洞区。

讨论：

A 区、黑洞区和 $N1$ 的物理实在性，即使断然否认白洞区物理实在性的人也都是明确肯定的。另一种反驳是，这个白洞区不是内禀的。把光源放进白洞，才会有光从白洞出来。这个白洞不像个白洞，它与真实存在无关。

我们觉得，精确数学推演出的图，一部分真实，一部分虚妄，这是为什么?小学生作应用题，可能会得出半个人的答案，自然把它舍去。那是因为我们天天看见人没有半个。我们对黑洞远远没有这么熟悉，特别地，我们相信数学往往比人的直觉走得远。因此，我们建议承认这个白洞的物理实在性，并且认为浪浪与宇宙中某种类似白洞的存在物相联系。浪浪作为一个概念在逻辑上与物理无关地产生之后，现在我们以白洞概念对它作一个注释。

附录9　时间可逆误在何处

这个附录要说明，时间的单向性是绝对的。

科幻小说或其他文艺形式的时间可逆都不是这则附录关心的。所有认真的有物理根据的时间可逆，可以分为2种，一种是超光速引起的时间可逆。这是大家都熟悉的老办法，很不成功，这里不谈。另一种要复杂得多，都与引力场方程的解有关。

以哥德尔不完全性定理取缔了数学确定性的哥德尔，找到了爱因斯坦引力场方程的一个解，这个解给出类时闭合曲线。幸亏这个解有一个假定:宇宙尘埃在转动，但是没有观测到这种转动。这是人们发现的第一个类时闭合曲线。大家都知道，沿着类时闭合曲线可以回到过去(见对话22的逆时间悖论)。

1961年克尔猜出了引力场方程的一个稳态轴对称解。这个解描写的转动黑洞，包含有闭合类时曲线。引发了广泛的讨论，严肃认真的讨论现在还在进行着。

1963年纽曼、昂蒂和坦布里诺发现了引力场方程的一个解。这个解描写的NUT宇宙(NUT是三人名字首字母)包含类时闭合曲线。

事实是，爱因斯坦引力场方程存在无数个包含类时闭合曲线的解。引力场方程像个潘多拉盒子，人们一心想着它藏的希望，跳出来的却不尽然。人们不得不说那些不合意的解是数学怪胎，一次一次地把他们打发掉。

但是1988年索恩等人的工作，使得时间机器有了严肃的数学背景。为了计算简单，他们考虑静态球对称引力场的虫洞。由伯克霍夫定理，静态球对称真空中的虫洞只能是史瓦西虫洞，难于作成时间机器。于是设想非真空的静态球对称虫洞。让异常物质即负能物质出现在虫洞的喉部。异常物质使虫洞长久保持。

异常物质存在吗？卡西米尔效应使真空中两块金属板之间出现的引力被认为是外部的推力，也被认为是板间出现了负能量。因为板外真空能量定义为0，里边真空能低于0点，是为负能。这个负能的密度是$10^{-44}kg/m^3$。而要撑开1km半径的虫洞，需要太阳质量的负能物质。无论如何，可以回到过去的时间机器离现实比以往任何时候都更近了一步。霍金曾提出时序保护猜想保证时间的单向性。时序保护猜想：物理定律不允许出现闭合类时曲线。这种临时措施，使理论的刚性大打折扣。

讨论：

我们认为一切闭合类时曲线或虫洞的出现，都与爱因斯坦引力场方程是绝对零度的方程相关。场方程是时间可逆的。场方程本身就隐含了回到过去的可能。刘应平在《热与引力》（2011年）一书的第6.2节曾建议给场方程中加进热影响的一项，把作为大自然的时间指针的熵加进去。

$$R_{\mu\nu} - 1/2g_{\mu\nu}R - Hg_{\mu\nu} = -kT_{\mu\nu}$$

由下边的数学演算我们可以知道，我们导出的公式(9-7)和(9-8)把有异常物质或没有异常物质的静态球对称虫洞全封死了。不存在闭合类时曲线。

我们给出以下的推演，证明一旦计及引力热的熵，爱因斯坦-罗森桥就会关闭。

方程

$$R_{\mu}^{\nu} - \frac{1}{2}\delta_{\mu}^{\nu}R - H\delta_{\mu}^{\nu} = 0 \tag{9-1}$$

中添加了一项 $-H\delta_{\mu}^{\nu}$。H 其实应该写成 ηH，η 用于调整量纲。这里的讨论允许方便地把 H 看作是包含了 η。H 表示场方程(9－1)为非绝对零度的方程，因为引力系统的热有熵 H 产生。目的是要求场方程关于时间反演不能成立。这个方程的史瓦西真空解是($c = \hbar = G = 1$)

$$ds^2 = -(1 - \frac{2M}{r} + \frac{Hr^2}{3})dt^2 + (1 - \frac{2M}{r} + \frac{Hr^2}{3})^{-1}dr^2 + r^2d\theta^2 + r^2\sin^2\theta d\phi^2 \tag{9-2}$$

$$令\ F = (M, r, H) = M - \frac{Hr^3}{6} \tag{9-3}$$

(9－2)成为

$$ds^2 = -\left(1 - \frac{2F}{r}\right)dt^2 + \left(1 - \frac{2F}{r}\right)^{-1}dr^2 + r^2d\theta^2 + r^2\sin^2\theta d\phi^2 \tag{9-4}$$

(9－4)的克鲁斯卡延拓

$$ds^2 = \frac{2F}{r}e^{-r/2F}(-dT^2 + dR^2) + r^2d\theta^2 + r^2\sin^2\theta d\phi^2 \tag{9-5}$$

$$16F^2(\frac{r}{2F} - 1)e^{r/2F} = R^2 - T^2 \tag{9-6}$$

令 $\rho = 6M - r^3H$　　于是(9－5)，(9－6)成为

$$ds^2 = \frac{\rho}{3r}e^{-3r/\rho}(-dT^2 + dR^2) + r^2d\theta^2 + r^2\sin^2\theta d\phi^2 \tag{9-7}$$

$$16\frac{\rho^2}{36}(\frac{3r}{\rho} - 1)e^{-3r/\rho} = R^2 - T^2 \quad 或$$

$$\frac{4\rho^2}{9}(\frac{3r}{\rho} - 1)e^{-3r/\rho} = R^2 - T^2 \tag{9-8}$$

式(9－2)中的奇点 $r = 0$ 在式(9－7)中当然仍然存在。$r = 0$ 是内禀奇点。但是，流时论认为，最短的空间长度是 ΔE 代表的长度，这个长度永远不会为0。因此，式(9－2)或式(9－7)中不存在 $r = 0$ 的奇点。因为这个奇点是人为的空间观念加进去的，不具有物理真

实性。

令 $T=0$ 得 $\frac{4\rho^2}{9}(\frac{3r}{\rho}-1)e^{3r/\rho}=R^2$ (9-9)

若 $3r\geqslant\rho$,上式有两个解

$$R=\pm\frac{2|\rho|}{3}(\frac{3r}{\rho}-1)^{1/2}e^{3r/2\rho} \quad (9-10)$$

$$R=\pm\frac{2}{3}|6M-r^3H|(\frac{3r}{\rho}-1)^{1/2}e^{3r/2\rho}$$

$3r>\rho$ 写成 $3r>6M-r^3H$ 或

$$Hr^3+3r-6M>0 \quad (9-11)$$

式(9-11)的一个实根是

$$r_g=(\frac{3M}{H}+\sqrt{9M^2H+1/H^{\frac{3}{2}}})^{1/3}+(\frac{3M}{H}-\sqrt{9M^2H+1/H^{\frac{3}{2}}})^{1/3}$$

令 $y=Hr^3+3r-6M>0$,解不等式(9-11)得,当 $r\geqslant r_g$ 时 $y\geqslant 0$(见图9-1)。

此时有 $R>0$ 和 $R<0$ 两个解。

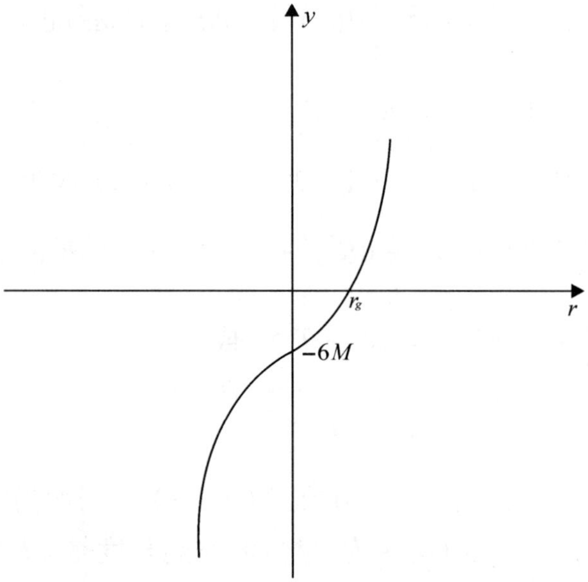

图9-1

一旦计及温度,系统的熵就不能为0,因此式中 H 不能为0。

H是什么熵?H不包含黑洞的面积熵。H包含的熵有:引力热的熵增、量子涨落的熵增、系统中能量转化过程中随机化了的能量的熵增。但当 H 增大时,r_g 在变小,并且有 $\lim\limits_{H\to\infty} r_g = 0$,就是说,当场方程不是绝对零度的方程时,爱因斯坦 - 罗森桥就会关闭。而熵增是任何物质都不能抗拒的。因此,只要引力场方程不是绝对零度的方程,连时序保护猜想也用不着。

结论:时间可逆误在引力场方程隐含了时间反演。时间的单向性是绝对的。

附录 10　引力波及引力子

这则附录计算得出本底时空有足够的能量支持巨大功率的引力现象。

引力波源有周期波源和爆发波源两种。转动质量四极子是周期性引力波源。例如脉冲双星 PSR1913 + 16。新星爆发释放的典型能量为 10^{45}erg,大约有 10% 引发星体振动,并以引力波辐射出去。

在没有物质的区域(取传统说法),线性近似方程(6 - 1)右边为 0。得到的方程描写自由引力波在虚空的传播。这个方程恰好与自旋为 2 的无质量粒子的场方程一致。因此可以假定,引力作用是由静质量为 0 自旋为 2 的引力子传递。当然,是在粒子与粒子之间传递。

$\Delta E = 1.5 \times 10^{-134}$g 太小了,微小的引力怎么能引发黑洞这样大的天体演化?怎么能造成引力塌缩那样巨大功率的天体现象?

太阳到冥王星距离大约是 6×10^9km,但是太阳系远处离太阳 1.5×10^{18}cm 的球层上还有奥尔特彗星云。大大小小约有 1000 亿个原始彗星,其总质量相当于地球。因此,考虑到彗星的扁长的椭圆轨道,太阳系的半径可以取为1.5×10^{20}cm。太阳系的体积为 $1.35 \times 10^{61}\text{cm}^3$。由附录5,在太阳系这样大的空间,仅仅能量 ΔE 的总量就是 $1.35 \times 10^{61}\text{cm}^3 \times 10^{99}/\text{cm}^3 \times 1.5 \times 10^{-134}\text{g} = 2 \times 10^{26}\text{g}$。这些能量相当于大约 2 个月亮质量。太阳是一个小恒星,它的引力所及的本底时空中就有如此数量巨大的能量。其他巨大的星体发生功率巨大的引力现象或由引力引起的巨大功率的现象就是可以理解的了。我们把太阳的引力球半径取为 $1.5\times10^{20}\,\mathrm{cm}$ 是合理的,因为在此球面上史瓦西度规(球标)是

$$ds^2=-0.803c^2dt^2+1.25dr^2+r^2d\theta^2+r^2\sin^2\theta d\phi^2$$

与闵氏度规比较

$$ds^2=-c^2dt^2+dr^2+r^2d\theta^2+r^2\sin^2\theta d\phi^2$$

可以看出,在此处空间弯曲仍然较为明显。但是再远连彗星也稀少了。

引力场方程并没有估计到虚空中有如此巨大的能量,因此,距离太大,例如几亿光年,方程的适用范围就要考虑。至此我们注意到引力场方程的3个弱点:① 距离太大,误差会很大;② 距离太小,可能失效;③ 没有时间方向,会引出回到过去的荒谬结果。

引力与其他三力相差太大了。引力是空间的内禀性质,而其他三力全是宇宙大爆炸的灰烬。引力是大爆炸的火焰,火焰与灰烬相去甚远。现在统一4种力的各种方法,似乎对引力的特殊性都估计不足。由于对强引力场了解不够,弱场的量子化未必准确反映引力场全貌。对平面引力波(弱场)量子化得到的引力子,也有许多不清楚的地方。在流时论看来,引力与其他三力完全不在物质结构的一个层次上。引力要基本得多。通常的粒子理论对引力子会不大适用。

附录11 真空涨落的熵

一、真空中的能量

这则附录系统介绍流时论关于真空的建议,认为真空熵占宇宙中熵的主要部分。

真空充满了沸腾的物质。像钢棒子一样,真空也是物理实在,因为真空与大爆炸有同样的物理起源。附录4《引力热与微观结团》已讲过,大量密集的($\Delta t,\Delta E$)还没有来得及因为相互斥力散开,就因

为相互集聚产生的引力热使得温度急速上升。当然因为有了(Δt, ΔE),这里已有了时间,也有了空间。温度和压力更促使发生集聚,集聚产生的热进一步升高温度和压力。温度和压力以指数速度上升。终于发生了大爆炸。见附录16。

我们估计一下温度。普朗克温度量级是10^{32}K。这是微观粒子的极限温度。灰尘尽管做着随机运动(因为宏观过程对于初始预期很快就进入不确定的阶段,可以这样认为)。但由于数目太少,每个分立体太笨重,没有产生热运动。热运动是从微观粒子这样的分立能量团的大小才有的。但(t,ε)能量要比微观粒子能量少若干个量级,数目却要比后者大得多。

$\Delta E = 1.5 \times 10^{-134}$g

$m_p = 10^{-27}$kg

在它们之间是(t,ε)的质量。因此(t,ε)与质子质量m_p最大可以差过80个量级。按40个量级估计,与普朗克温度相对应,大爆炸高温可以达到10^{72}K(估计)。相应的高压也应该是很大的。黑洞外部的克尔-纽曼度规包含电荷的作用,说明在黑洞的高温高压下黑洞内部的电荷仍然保持,并没有改变。这就告诉我们,大爆炸造出电荷的高温高压要比黑洞内部的高温高压高。 我们可以由黑洞内部的高温高压估计大爆炸的高温高压的下限。黑洞表面温度(cgs)$T = \dfrac{\hbar c^3}{8\pi GMK_B}$,可以求得$MT = 2.5 \times 10^{26}$g·K(量级)。在黑洞蒸发到只剩1g的时候,$T = 2.5 \times 10^{26}$K。这是表面温度,内部要高得多。

太阳表面温度6000K,中心则为15.5×10^6K。表面分子动理压强不足17.6标准大气压(atm),中心则为3.09×10^{11}atm。表面密度不足10^{-5}g/cm^3。中心密度160g/cm^3。而中子星内部密度可达4×10^{14}g/cm^3。而黑洞内部温度压力密度更高,可见10^{72}K的温度估计的合理性。温度能如此之高,温度变化的可能范围当然变大。大爆炸的温度实际在范围内的某点上或某个小区段上,就有偶然性。在这样的高温高压下,大爆炸由(Δt,ΔE)的集聚产生了微观粒子。显然,大爆炸不是最后的必然。但是,正发生的事件对后边就是规律。大爆炸产生的微观粒子才有电、弱、强三力。它们的行为对我们是铁的规律,就像地球上的生物对医学是规律,但对银河系则是带有偶然性的事件一样。又如有了亚原子粒子的量子性质和恒星条件,才有了元素,并进一步在行星上才有了化学规律。见附录16。

大爆炸产生的微观粒子存在于$(\Delta t,\Delta E)$形成的$\{(\Delta t,\Delta E)\}$中。继续产生的$(\Delta t,\Delta E)$没有引发再一次大爆炸,却来得及凭借相互之间的斥力形成(扩大)世间能量密度最低的本底时空$\{(\Delta t,\Delta E)\}$。这些$(\Delta t,\Delta E)$进一步只能集聚成(t,ε)。没有了大爆炸的高温高压,(t,ε)以及$(\Delta t,\Delta E)$再也不能进一步合成微观粒子了。本底时空$\{(\Delta t,\Delta E)\}$是真正平直的。(t,ε)重叠在本底时空之上,肯定改变了本底时空的几何。如果一定要找出与时空$\{(t,\varepsilon)\}$的对应,那么从大尺度看,闵可夫斯基四维世界较为合适。从小尺度看,$\{(t,\varepsilon)\}$与真空相近。但真空包含的更多。因为真空中有各种场,例如电磁场、引力场等。真空这个词包含了某种随意性。说$\{(t,\varepsilon)\}$是真空的基本部分较为合适。见附录15。

由附录5易求得本底时空的能量密度是$1.5\times10^{-35}\mathrm{g/cm^3}$。而$\{(t,\varepsilon)\}$的能量密度是$1.5\times10^{-30}\mathrm{g/cm^3}$。在测定卡斯米尔力的时候,测到两金属板间的负能密度是$10^{-47}\mathrm{g/cm^3}$。所谓负能是把能量密度$1.5\times10^{-30}\mathrm{g/cm}$定为零点能。因此,在这里真空中有大约$10^{18}$分之一的能量参与了量子涨落。

二、真空涨落的动力

这些能量如果像我们脚下的地板一样安静,有多大能量都可以由零点取法把它闲置。但是,地板飞起来了,并且像开锅的粥翻滚起来了,现在人们认识到的真空能就是这样不安分。

普朗克尺度以上开了锅,普朗克尺度以下却有一个不动的地板。

现在我们判断下述命题会不会是一个事实:"一个粒子A(例如电子)在x点的动量是P"。因为A在x,A就消耗x处的$(\Delta t,\Delta E)$,于是A的位置被改变,A已不在x。或者由于消耗,A的动量已不是P。粒

子 A 的位置和动量随时都在被改变。这是本底时空的内禀性质引起的。显然,改变 x 的量 Δjx 大,改变 P 的量 ΔjP 就可能小,积 $\Delta jx.\Delta jP$ 会全面反映这种改变。要求这个积必须大于一个量值才会使这个积有约束作用。量子力学已求得$\Delta jx \cdot \Delta jP \geqslant \hbar$。加下标$j$是为了括号内外使用的符号不混淆。所述命题不成立。量子行为总是用常数 h 来描写。比较 h 与($\Delta t,\Delta E$) 的大小来估计参与一次量子行为的($\Delta t,\Delta E$) 的数目。$h/(\Delta t,\Delta E) = 10^{-27}\mathrm{erg \cdot s}/10^{-156}\mathrm{erg \cdot s} = 10^{-129}$(量级)。

我们再判断一个命题是否正确:"粒子A在t时刻有总能量E"。A处在本底时空,总有若干($\Delta t,\Delta E$) 与A相互作用,粒子A的总能量当然发生波动,已不是E了。E改变的幅度为ΔjE。从t开始,经历一段时间 Δjt,粒子调整自己的总能量,使接近以往的平均值。所谓调整,就是某种类辐射等。如果 Δjt 小,在此时段内粒子总能量偏离平均值的概率会变大,范围 ΔjE 就要大一些。反过来,要 ΔjE 小,那就要有更多的时间调整,Δjt 就大。积 $\Delta jt.\Delta jE$ 会全面反映种种改变。积必须大于某个量才会使积有约束作用。量子力学已求得

$\Delta jt \cdot \Delta jE \geqslant \hbar$。上述命题不成立。

Δjt 或 ΔjE 的大小当然由粒子 A 自身的性质来决定。这个性质是各种粒子、每个粒子都具有的。那就是它自己的总能量的变化量 ΔjE 与达成和维持这个变化量所需时段 Δjt 的积必须是一个约束。即必须有 $\Delta jt \cdot \Delta jE$ 大于某一个量。这就是量子分立性。

量子分立性最奇妙也是最本质的地方,是能量变化量对相应的时间有要求。反过来,变化时长对能量的变化量也有要求。在后一个要求中,时间事实上被当成一种运动。不是时间掐秒表,看着能量运动员跑,而是时间自己当运动员跑,能量掐能量表。时间运动员的成绩以能量变化来记录。

说能量被量子化是片面的。说时间被量子化也是片面的,说能量与时间之积被量子化才全面。能量与时间的共同体被量子化了,这个共同体的微观量就是普朗克常数 h。

$$\frac{\hbar}{\Delta E}=\frac{10^{-27}\text{erg}\cdot\text{s}}{1.35\times10^{-113}\text{erg}}=10^{86}\text{s}(\text{量级})$$

这个时间比宇宙的寿命还长。因此，ΔE 对量子力学太小了。($\Delta E,\Delta t$) 对量子力学最小的能量时间单元 $\hbar$ 也是小到可以不计。

这就是不确定原理与本底时空的关系。

因为粒子太笨重了，在自由状态下，它的高维卷缩结构占据的空间也相应变大，因此，普朗克长度 10^{-33}cm 以下的尺寸，粒子不能进入，当然不确定原理也止步于此。猫钻不进老鼠洞比喻粗糙，但可供思考。

三、真空涨落的种类

所有的真空涨落都是关于粒子的，因此都是量子涨落。在普朗克长度以上是量子涨落。在普朗克长度以下是($\Delta t,\Delta E$) 及(t,ε) 的高速变化的随机涨落。可能的量子涨落有 4 种：① 电磁涨落。② 弱涨落。③ 强涨落。④ 引力涨落。电磁涨落已被证实。其他 3 种尚待研究。在地球上，真空当然少不了有电磁场和引力场。在外太空，真空有引力场。

大爆炸可以有各种粒子砖块留存下来，未必全是已知的粒子。

($\Delta t,\Delta E$) 的相互集聚，或与(t,ε) 的结合，都有引力热发生。如果($\Delta t,\Delta E$) 的密度发生高速随机涨落，即本底时空发生形变，就有可能造成局域引力热集中，从而造成局域的随机高温。当然，这种涨落不受普朗克长度限制。这种随机高温可以促使某种粒子砖块形成微观粒子，但由于只有高温而没有高压这个条件，这些粒子马上就会湮灭而被称为虚粒子。真空是很复杂的，即使没有外加的电磁场、弱场和强场，真空的量子涨落也会有各种虚粒子和虚正反粒子对产生。因为随机高热会从某种粒子砖块产生出这些粒子，只是由于没有高压条件，才马上分解。如果在黑洞的视界面上，有足够的压力，虚粒子就会实化。

研究真空不能避开大爆炸的历史。大爆炸其实就是真空自燃。自从大爆炸产生背景辐射，造成 23% 的氦核丰度比 76% 的氢核丰度，还有暗物质等等。除过这些自燃的灰烬，宇宙内容物就是占 70% 的暗能量(t,ε)，因此宇宙的历史就是真空变化的历史。研究真空绝对不能忽视这些历史。

当下的真空可以在很早以前的事件中看到真面目。由于这个原因，研究真空有 2 个要点。一是热在真空中的作用，二是引力是另外三力的原因。引力与另外三力本质上不同。

四、真空涨落的熵

真空涨落本身是随机的，它应该有熵增，引力热，虚粒子的随机运动，都是熵增的原因。虚粒子消失了，熵还保留在真空之中。每一个或每一对虚粒子都重复这个过程。真空不会达到热平衡，因为各种虚粒子之间在低温下无法传递热量，真空的熵总是在增加，但是真空达不到热寂。

真空具有原始性。通过了解真空的熵，或许会弄清代表粒子量子性的 h 的实质。是不是虚粒子必定以虚正反粒子对出现和消失。不减的熵会留下印迹，使我们有了解真空过程的机会。研究真空的熵增，是了解热在物质结构中作用的一条途径。由于熵与热机中的"废热"相联系，熵总有一个负面形象，但它在物质结构中未必如此。

由于真空的主部$\{(t,\varepsilon)\}$占有宇宙内容物的 70%，因此真空熵占宇宙熵的主要部分。

附录 12　维数革命

弦论明确地大刀阔斧地寻求时间观念的突破，说明新时间观念已是应时之急需。

弦论从业的约有 1000 人，可见弦论是多么地有希望。弦论的目标是统一粒子标准模型与引力理论，建立量子引力。弦论非常成功，引力子和其他粒子共同自然地出现在弦论的公式之中，费米子与玻色子的超对称性自然地出现在弦论的公式中。弦论从欧拉的 β 函数开始，它的理论是自洽的和定量的。弦论正满怀信心地等待着实验。

我们更喜欢把弦论第二次革命叫作维数革命。它直接支持了流出的时间理论。

1995 年以前，弦论研究的空间是 9 维的，有 6 维发生卷缩。弦就在 10 维时空中振动。1995 年威藤宣布，有确定力荷的最低能量组合中一个粒子，当它的弦耦合常数变大的时候，新的维数出现了。一维的弦线变成二维的带状膜。带宽与耦合常数的大小成单调关系。常数大，带更宽。现在是 7 维卷缩。弦论的公式是非常明确的，无容置疑。11 维时空怎么能与 10 维时空如此关联呢？弦论专家们“惊呆了”。

这个进展太令人兴奋了。它与流出的时间理论殊途同归。流出时间理论认为，能量密度达到一个临界值，就会生出新的卷缩维。从流出的时间理论看，10 维空时转化为 11 维空时是再自然不过的了。然而，维数革命是维数新生的第一个定量计算。有标志意义。

关键是能量密度。

一个木块比同体积的铁块轻，木块比铁块能量密度小很直观。但是测量铁块的尺子与测量木块的尺子可用同一把尺子，说明能量密度的这么一点差异并没有使时空发生质的变化。进入微观世界就不同了。原子核占了原子质量的绝大多数，原子核的体积只占原子体积的若干亿分之一。组成重子的夸克能量密度更大。能量以空间方式存在是能量的本性。能量密度达到某一个临界值，局域的卷缩空间就会生出新的维。这个临界值可能是分立的、不连续的，也就是量子化的。因为我们知道本底时空维数是自然数。分数维目前还没有这样的物理意义。我们已经说过，流时论把分立的高维卷缩时空结构本身看作粒子。流时论不用特殊的弦材料。微观粒子是否同维我们并不知道。

弦耦合常数的平方与万有引力常数 G 成正比。如果一个卷缩结构的 G 增加，就意味着（$\Delta t,\Delta E$）向该卷缩结构的集聚的数密度增加。而 G 增加意味着卷缩结构的能量密度极大地增大。

另外，耦合常数变大，一维弦线变成的二维带状膜变得更宽。加宽也是能量。总之,耦合常数变大,可以看成弦能量密度增大。这就是维数增加的原因。

弦理论需要打破旧的时间观念。弦理论是时空背景依赖的。

弦论的出发点有3个缺点:

1. 弦论与量子力学一样,直接在现有的古典时空中展开理论。时空作舞台,弦作演员。如果时空也是演员,就是时空独立的。让时空作演员真是太难了。这使得弦论不得不随时与爱因斯坦的时间和空间观念进行奋战,并且一再进行卓有成效的突破。弦理论的时空,是在修补一辆旧汽车,而不是在造一辆新汽车。弦论要把旧材料刷上新漆变成新时空。弦论的时空观念是零打碎敲的。

相对论关于时间的突破是成功的。弦论关于空间的维数和最小距离的突破是成功的。圈量子引力关于空间离散为自旋网络的突破也是成功的。但是关于时间的认识,流时论是走的最远的。流出的时间理论一开始就用爱因斯坦期望的新材料建造时空,根本用不着突破那些老旧材料。行云流水,少有阻拦。以流时论的观点看,弦论和圈量子引力在时间和空间上突破的成功之处,就在于它们要改变旧的时间或空间观念。

弦论对空间高维的认识,是空间观念的一大进步。为了平息负概率灾难,数学计算要求弦振动应该有9个自由度,因此,空间必须是9维的。3个伸展维和6个卷缩维。这个9维在大脑里当然是无法想像的。理解9维是数学式子自己的事,就是说,人的直觉只能形式地认可这件事。

在4维时空的每个点上,都有一个卷缩的6维空间。而在11维空时,则是一个卷缩的7维空间。弦或膜就在这11维时空中振动和缠绕(紧致化)。弦论的卷缩空间并不是任意的。数学在弦论之前就研究了一类空间,叫卡拉比 - 丘成桐空间,弦论发现了这种空间的物理意义。弦或膜的振动数和缠绕数与卷缩空间的几何共同决定粒子的性质。而卡 - 丘空间的拓扑性质,也就是它的孔数,竟然决定粒子家族的代数。

弦论关于空间概念还有一个极重要的发现，卷缩的空间维度有一个极小长度，它等于普朗克长度（10^{-33}cm）。空间距离不能比普朗克长度更小了。在这个小天地里，广义相对论失效，空间由量子几何来描写。不确定原理使这里的时空永远像开了锅的量子热粥。但在普朗克尺度之下，一切平静。

弦论是为微观世界量身定做的。可能普朗克尺度以上是微观世界的天下。再小不能深入，大过原子尺度就是宏观了。这与还原论是相悖的。还原论只是一些物理学家和其他一些人的哲学信条，谁也没有证明过或证伪过。

弦论认为，普朗克尺度以下没有空间，也没有时间。如果 ΔE 对应 10^{-33}cm，那么普朗克尺度以下当然无空间可言。我们确实不知道这个对应是否正确。如果微观世界的最小尺度真的是普朗克尺度，而弦论的数学探针又刺不进普朗克尺度，从另一个角度看问题，应该为弦论高兴：它可能真的一枪打准了。

尽管如此，普朗克尺度以下必定还是有时间。正是由于时间的单向性，最小距离才存在。没有时间，就没有最小距离。在最小距离之下，时间 δt 仍然在起作用，并且支配最小距离以上的物理过程。由于时间的单向性，最小距离不断地灭失和创生，这正是最小距离起作用的方式。不是大尺寸决定最小尺寸，而是最小尺寸的生灭决定大尺寸。人们可以设问，如果最小尺寸是在更大尺寸的空间决定的，那么，这个较大尺寸是按什么方式踏进最小尺寸中去发挥作用的？因此 10^{-33}cm 以下可能更丰富。

弦论还有多维时间的设想。伸展开的空间是三维的，我们可以向前向后向左向右向上向下。在多维时间我们是否可以自由地脱去白胡子上幼儿园，第二天一早又顺利地变成小伙子？多维时间不可能存在。

弦论最关注的正是时空，它企图用弦作为材料构建新的时空的想法，很有前途，零打碎敲的工作方向正确，也一定会有成效。

2. 弦论出发点的第二个缺点是，它的能量概念有含混之处。弦是最后的原子吗?弦是什么作的?弦论确实把弦视为理论的终极存在,弦论的原子。就是说,弦由何物构成?为什么会有弦论指定的基本行为?这些都不用关心。很简单,弦就是开始。当然,也有弦论专家猜测弦只是宇宙大洋葱的一层,并试图看看下一层是什么,但是这没有改变弦作为弦论理论原子的地位。

所有的弦都是绝对相同的。闭弦、开弦、两端自由的弦或一端固定的弦、在高维卷缩空间上缠绕的弦、缠绕的圈数有多有少的弦,都是弦的振动模式决定的。弦的本质就是要振动,不停地振动。一根弦对应一个粒子,弦的振动模式决定粒子的质量电荷自旋等等。实践上没有粒子,只有振动的弦。弦的空间升到 9 维以后,卡 - 丘空间也参加进来与振动共同决定粒子的性质。

弦的振动是能量、缠绕是能量、每根弦作为原材料自己都有一个极小的能量。这就把弦的能量清点完了。弦论似乎只关心前两种能量。

现在要问,卷缩的 7 维空间是能量吗?既然不是能量,它用什么干预弦的振动?大自然还有能量以外的神秘力量吗?

在 4 维空间时的每一个点上,都有一个卷缩的 7 维空间,弦的振动等等所有行为都以这个空间为舞台。那么,自由运动的粒子会把它缠绕的卡 - 丘空间带着一起旅行吗?拔出这个小空间要能量吗?运动的小空间与坐地的小空间能相处吗?如果不把房子背在身上,粒子一路换房子来得及吗?例如光子那么快,更快的速度是指什么?

3. 弦论是没有热的理论。没有热的物质结构理论都是不完善的。都是所谓绝对零度理论。丢失了时间方向。温度对大爆炸很关键,就是对超导也是决定因素。

流出的时间理论是真正背景独立的。它完全没有弦论的弦与高维卷缩空间如何相处如何共同运动的问题。它把在本底时空中由($\Delta t,\Delta E$)形成的高维卷缩结构直接视为粒子。空间是能量。形成高维卷缩的能量就成了粒子。在 4 维空时中并不是每个点上有一个小的 7 维空间,而是有粒子的地方才有。这种方式,更有利于解释量子决定论:量子波是几率波,不是经典波,可以向空时几何追求原因。测量的时候概率从何而来?从空时入手可以解决。总之,本底时空中特定的高维卷缩空间更容易说明,为什么量子像上帝的钞票,没有0.5分钱。

我一直在设想,如果能把流出的时间理论中的物理实在的名称算子化,并进一步找到算子与偏微分的形式对应,搭上这个桥,弦论的公式就是现成的真实物理。

我极力向弦论推荐我的时空观念。特别推荐时间观念。

附录13 用圈构造离散空间

圈量子引力从业的约有100人。是很有希望的理论。圈量子引力极力寻求时空观念的突破是我们最感兴趣的。

超导体中的磁通线离散成基本单位的磁通线。磁场不再是连续的了。由于电与磁的密切关联和对称,人们就要找离散的电场线。电粒子之间的电力荷是光子,而夸克之间的色力荷是胶子,胶子带色荷-反色荷,带色的胶子有8种。但是色力与电力很相似。没有见到任何材料有电场线,更没有离散的电场线,于是假定,真空是色电超导体。由此产生了将空间离散的想法。对此的理解是,真空中的涨落有时会产生类似超导体的效应。量子色动力学(QCD)把色电场线理解为基本实体,取得了很大成功。现在,设想2个夸克在色电场线的作用下结合在一起。色电场线有点像橡皮筋。弦论认为,结牢夸克的橡皮筋的是一种真实的物理存在。这种基本的存在就是有名的弦。于是就有了两个存在谁最基本的三国演义:

弦是基本的,场是近似(弦论)。

场是基本的,弦是导出实体(QCD)。

弦与场一样基本(对偶性假设)。

对偶性假设认为,没有粒子只有弦。粒子是弦的近似。粒子作为微观的基本模型被弦论开除了。粒子作为名词只在语言中留下了遗迹。

圈量子引力让对偶性假设登坛拜将，并把夸克之间的色电场线称为圈。圈是最基本的。它带着自己打造的空间运动。这种橡皮筋成环，成链，可以扭铰，可以打结，都是量子引力方程的精确解。只等着实验证实了。

圈量子引力关于空间的认识是我们最感兴趣的。这也是写本附录的目的。下边让我们来体会物理学思想的这个重大的进步。

圈量子引力最初把空间离散化为整整齐齐的格子，每个格子边长都是普朗克长度。这些格子就凑成了现实的三维空间。这是古老的广延性观念的新发展，这个观念必然导致固定的空间。但是不随时间变化的格子与引力无关。圈量子引力首先不是关心自己理论的细节，首先关心的是把相对论的原理与量子力学的原理相结合以获得自己的基本假设是否做得恰如其分，甚至做得更加传神。因此，圈量子引力的主题思想有一条：无论如何，它的理论必须是时空背景独立的。既然圈是基本的，那就用圈的相互关系来定义空间。圈的相交、相聚和相联的公式，就是圈的相互关系。圈是永恒运动的，因此时空都是背景独立的了。“空间仅仅是从一系列分立的基本物体之间的关系中构造出来的。”

粒子的自旋角动量没有宏观对应物，好像更能反映微观本质。在圈量子引力的量子几何里，几何图形由直边组成，这些直边只被标上整数。直边的两端总是与其他直边的端点合为节点。一个节点可以交汇若干个直边的端点。如果一个边是电子的圈，就标为1。电子的自旋是$1/2\hbar$，标数是$1/2\hbar$的整数倍数。光子边（$\hbar = 2 \cdot \frac{\hbar}{2}$）标为2，引力子边（$2\hbar = 4 \cdot \frac{\hbar}{2}$）标为4。这样的图形叫自旋网络。一个自旋网络表示几何的一个量子态。自旋网络的边带着离散的面积元（最小面积$10^{-66}cm^2$）。自旋网络的节点带着离散的体积元（最小体积$10^{-99}cm^3$）。一个客体的表面与自旋网络的边只相交1次，它的面积就是最小面积。它与边相交的次数，就是它的面积。一个区域包含自旋网络的节点数就是它的体积。只包含一个节点，它的体积就是最小体积。

经典几何（黎曼几何、欧氏几何、罗氏几何）的空间，是由巨大的自旋网络编织而成的。在宏观尺度它是光滑的。给定几何，总可以找到一个自旋网络，通过一定程度的近似，这个自旋网络就可以描写这个几何。但是自旋网络的边没有经典几何的长度，或者没有明确的长度。当量子几何计算面积或体积的时候，依赖于构造空间的粒子。空间是什么?空间是圈的某些相互关系。

离散的三维空间真复杂。它的角角落落都在不停地运动着。

圈量子引力在空间观念上的突破有 2 点。

一是空间离散化。二是由圈的关系构造空间，圈量子引力理论是空间背景独立的。第 2 点尤为重要。因为这是成功的必由之路。迄今为止，还没有哪个成规模的理论做到这一点。唯独流时论比它走得更远，但是远不如它的研究团队规模。种子落在大西北荒凉的沙地上也能蓬勃向上。

应该看好圈量子引力，但是它也有以下 4 个缺陷：

1. 明确否认空间的物质性其实没有必要。它认为“没有事物，只有过程”。过程其实是事物的过程。只是因为任何事物转瞬就不是自己了，显得像是只有过程。我们所说的事物，就是过程。例如一个物理学家张三，他每时刻都与上一时刻不同。张三只是一个过程，但是它必竟是张三。把空间理解成圈的相互关系，圈就是物质。空间也是过程，是物质过程。

2. 圈量子引力与热没有关系。与热没有关系的任何物质结构理论都不是完全的。我们关于热的本质还有一个深层没有揭开。低温下超导会使磁通线离散化。大爆炸会产生粒子。聚变反应的温度条件。这些都有热的作用。但是面前的这条泥鳅总抓不住。人类最先认识热，第二个认识引力。可能认识最早的会最后看清。有一条途径，先让熵作为物质结构的时钟，可能易于入手。

3. 圈量子引力的时间是随着圈进入它的背景时空的。空间物质化了,但时间还是旧的时间。圈量子引力没有在更高层次上重新认识时间,它不是时间背景独立的。重新认识时间是必由之路。我们向所有的物理理论推荐流出的时间理论。

4. 引力与另 3 种力不是一个层次,四力平等的统一理论难以走通。

附录 14　安鲁效应与能量随机化机理

安鲁(Unruh)效应是说,在闵可夫斯基 4 维时空中相对于观察者作的匀加速直线运动的物体周围会充满热光子。安鲁公式有 2 种形式

$$T = a(\hbar/2\pi c) \quad (14-1)$$

$$T = a/2\pi k_B \quad (14-2)$$

为了方便叙述,我们把它写成

$$T = 4.2 \times 10^{-9}[a]k \quad (14-3)$$

其中[a]为加速度 a 取单位 cm/s^2 时的数值。T 是热光子温度。k_B 是波尔兹曼常数。安鲁公式很有可能被实验证实。

闵时空被看做真空。其中的电场与磁场就像不确定原理中的动量与坐标一样是一对无法同时测量的量。因而是永远发生随机量子涨落的一对量。这种涨落永远有虚光子产生和湮没。虚光子的热能则来自于运动物体的加速度 a。什么力使物体做匀加速运动,虚光子的热就来源于这个力所做的功。匀加速运动为什么会使虚光子发热呢?因为匀加速运动使得真空发生形变,惯性力就是这种形变产生的反作用。真空形变的同时一部分外功被随机化了。这就是人们对安鲁效应的理解。

流时论建议真空形变的过程如下。有加速度就有($\Delta t,\Delta E$)补充的事件发生。相对于闵时空的加速度,等于对加速度方向上($\Delta t,\Delta E$)的补充量。这些($\Delta t,\Delta E$)来自本底时空。由于($\Delta t,\Delta E$)补充过程发生的扰动,加速度也表现为($\Delta t,\Delta E$)对闵时空中一个局域时空的补

充量。

不断地有($\Delta t, \Delta E$)的生灭,维持本底时空的时空性质。加速度是除此之外($\Delta t, \Delta E$)的补充。有补充是因为有除所述生灭之外的消耗。它使(t, ε)发生随机运动而产生引力热。引力热在局域造成的高温使得真空中散布的粒子砖块生成正反粒子对。因为没有大爆炸的高压,这是短暂的虚粒子对。虚离子对迅速湮灭成为虚光子。这样的光子当然是热的。

把对应于加速度的($\Delta t, \Delta E$)补充称为($\Delta t, \Delta E$)的加速度补充。受补充的时空局域称为时空中受加速运动影响的局域。由(t, ε)的性质可知,这样的局域既包括加速运动物体的周围,也包括它的内部。

因为牛顿力学和量子力学都是绝对零度的力学,因此,加速度引发的热量 Q 与 Q 造成的温升 T 成正比。

假定 a 与($\Delta t, \Delta E$)的每秒补充数目成正比。于是 a 也与这些($\Delta t, \Delta E$)的总能量 $n\Delta E$ 成正比,有

$$a = \eta n \Delta E / s \tag{14-4}$$

n 是对受影响局域每秒补充的($\Delta t, \Delta E$)的数目。比例系数 η 量纲为 cm/sg。由式(14-4)有

$$a = \eta n 1.5 \times 10^{-134} \text{g/s}$$

$$[a] = [\eta] n 1.5 \times 10^{-134} \tag{14-5}$$

$[\eta]$ 为该系数量纲取 cm/gs 时的数值。

取重力加速度 $g = 10^3 \text{cm/s}^2$,求自由落体内部及周围受影响区域单位时间内($\Delta t, \Delta E$)的补充量的数目。

$$10^3 \text{cm/s}^2 = [\eta] n 1.5 \times 10^{-134} \text{cm/s}^2$$

$$[\eta] n = 6.67 \times 10^{136} \tag{14-6}$$

η 与自由落体的形状等有关。

可以由式(14-3)求得自由落体内部及周围热光子温度为

$$Tg = 4.2 \times 10^{-6} \text{K} \tag{14-7}$$

造成重力加速度的($\Delta t, \Delta E$)的数目为

$$n = 6.67 \times 10^{136} [\eta] \tag{14-8}$$

这些能量只有一部分参与虚的热光子的产生过程。某种机制在决定这个比例。

与(Δt,ΔE)的平均数密度$3.33 \times 10^{104}/cm^3$比较,可知与自由落体加速运动相关联的本底时空区域是很大的,可见真空中“狂风”之大。

能量转换过程中总有一部分被随机化。摩擦是我们最熟习的热损失因素。我们习惯于认为,只要努力减少摩擦,被随机化的能量会不断减少。虽然摩擦无法为零,但总可以不断地向零接近。与物体加速度相关的动能是机械能。现在造成能量随机化的是“真空形变”,也就是本底时空的“形变”。这里随机化的能量是不能任意减少的。任何能量转化过程总有随机化成热的部分,从而由熵给这些过程标记上不可逆的时间方向,其间深层的原因是热与引力的关系。

加速度不但有引力效应,也有热效应。于是李·斯莫林认为,“这个效应蕴含着,我们应当在爱因斯坦著名的等效原理中附加某种东西。根据爱因斯坦的理论,一位不停的观测者的处境应当跟一位站在行星表面上的观测者的相同。而温鲁告诉我们,只有当行星加热到某一温度,并且此温度跟观测者的加速度成正比时,这个结论才成立。”

就是说,如果嫦娥卫星返回地球,烧毁它防热层的不光是摩擦热,还有微不足道的量子热。自由下落的嫦娥也会感觉到微不足道的重力(见附录2)。

附录15　(Δt,ΔE)的关系函数族

如果我们假设(Δt,ΔE)中的$\Delta t = 10^{-43}$s(普朗克时间),由附录5,则有$\Delta t \cdot \Delta E = 1.35 \times 10^{-156}$erg·s。我们虽然不知道($\Delta t$,$\Delta E$)的形状,但是可以估计它的体积。我们把本底时空中的一个(Δt,ΔE)的体积估计为$10^{-99}cm^3$。令

$$e = \Delta t \Delta E / L_p^3 = 1.35 \times 10^{-57} \mathrm{erg} \cdot \mathrm{s/cm}^3$$

我们将用常数 e 的函数来估计($\Delta t, \Delta E$) 的相互行为。($\Delta t, \Delta E$) 的相互行为不是单纯由它们的距离来决定。在本底时空中,如果一个($\Delta t, \Delta E$) 恰好占据 $10^{-99}\mathrm{cm}^3$ 的空间,我们就把这个($\Delta t, \Delta E$) 与别的($\Delta t, \Delta E$) 的关系定义为 e.

定义一个函数族$\{f_\mu(e)\}$,一个 $f_\mu(e)$ 称为一个($\Delta t, \Delta E$) 与任何别的($\Delta t, \Delta E$) 的关系。当($\Delta t, \Delta E$) 的$f_\mu(e) = e$时,这个($\Delta t, \Delta E$) 占据并完全占据 $10^{-99}\mathrm{cm}^3$ 的空间。这样的($\Delta t, \Delta E$) 构成了本底时空的三个类空伸展维和一个类时伸展维。当然,($\Delta t, \Delta E$) 不可能占据更大的空间,因为一个($\Delta t, \Delta E$) 本身就是一个体积为 $10^{-99}\mathrm{cm}^3$ 的空间。当下在一个大于 $10^{-99}\mathrm{cm}^3$ 的空间中只有一个($\Delta t, \Delta E$) 的事件是不会发生的。果然($\Delta t, \Delta E$) 缺失空间会收缩。

如果在本底时空中加进一个($\Delta t, \Delta E$),本底时空一个局域平均密度变大。则这个($\Delta t, \Delta E$) 会受到别的($\Delta t, \Delta E$) 的压力,它所处的关系$f_\mu(e) > e$,此时的($\Delta t, \Delta E$) 表现出充斥力。如果$f_\mu(e)$ 上升,充斥力加大。大到一定程度,本底时空中的($\Delta t, \Delta E$) 的充斥力减去引力得到大于 0 的数就是宇宙常数 λ。当然要按照引力场方程做形式折算。

λ 的值是非常微小的,但确实不为零。

以下估计 ρ_0 与 ρ_c 的关系。

如果 $\Omega_0 = \rho_0/\rho_c = 1$,则有少许充斥力,宇宙就会加速膨胀。并没有必然原因使得 $\rho_0 = \rho_c$,因此这是一种巧合。

如果 $\rho_0 < \rho_c$,宇宙内容物没有足够的引力。这样的宇宙即使没有 λ 也会膨胀,但不会加速膨胀。如果加速膨胀,那是 λ 的作用。

如果 $\rho_0 > \rho_c$,在 $\lambda = 0$ 的情况下,过若干时间后宇宙会发生收缩。如果 $\rho_0 - \rho_c = \varepsilon > 0$ 但 $\lambda \ll 1$,在 $\lambda \neq 0$ 时,如果 λ 的作用大过 ε 的作用,宇宙会发生加速膨胀。

由于本底时空十分稀薄,在加速膨胀宇宙 ρ_0 与 ρ_c 应十分接近,但当 $\rho_0 > \rho_c$ 也可以有加速膨胀。由于暗能量的动态补充,$\rho_0 > \rho_c$ 是一个高概率事件。

在这里要有一个说明：用光度法已测得 $\rho_0 = 2 \times 10^{-31} g/cm^3$。看来好像 $\rho_0 < \rho_c$。于是宇宙会永远膨胀。但是减速因子 q_0 的测量值约为 1，大于临界值 1/2，宇宙总有一天会收缩。矛盾表明，两测量值总有一个不准确。宇宙加速膨胀表示确实有 $(\Delta t, \Delta E)$ 的充斥力，因此本底时空的密度必须大一些。随着本底时空密度的增加，充斥力和引力都在增加，但斥力必定上升快，于是密度达到一个临界值之后，斥力超过引力。总之，加速膨胀要求有一个较大的 ρ_0。因此光度法测得的 ρ_0 偏小，在计算时不用它。

现在我们讨论 $f_\mu(e)$ 达到较大值的情形。即使本底时空中的 $(\Delta t, \Delta E)$，也总是处在极其激烈的运动之中。因此即使在本底时空中，常会有一些 $(\Delta t, \Delta E)$ 的 $f_\mu(e)$ 大于某一个临界值。这时 $(\Delta t, \Delta E)$ 就会发生集聚而形成 (t, ε)。可以看出，$(\Delta t, \Delta E)$ 关于 $f_\mu(e)$ 的作为，不但在空间上展开，而且在时间上展开。距离并不直接成为发生集聚的条件，也不是发生集聚的唯一条件。

大量 $(\Delta t, \Delta E)$ 高度密集地存在值得我们特别关注。我们的宇宙当初就是由高密度的 $(\Delta t, \Delta E)$ 发生高温高压而来的。

如果广义相对论在大于 10^{-33} cm 的尺寸还是有效的。那么，大爆炸的“原始原子”局限在 10^{-99} cm 之内似乎有一些根据。但是尚没有形成维度无所谓尺寸。此时“原始原子”内部压力 p(原) 很大。当然，附录 4 中没有这种局限。其实这样的差别不是本质的。设想“原始原子”的内容物完全是 $(\Delta t, \Delta E)$。造成这种情况的原因我们暂不关心。显然，各 $(\Delta t, \Delta E)$ 的关系函数 $f_\mu(e)$ 是远远大于 e 的，$(\Delta t, \Delta E)$ 会发生集聚，集聚会产生大量的引力热 Q(引)，G 值极大，因而引力也是极大的，引力造成极大的压力 p(引)。引力造成的压缩是绝热压缩，因此会产生温升，这又是一部分热 Q(压)。这时有 3 个极端的量：

高温：$T_y = T(\text{引力}) + T(\text{压缩})$

高压：$p_y = p(\text{引力}) + p(\text{原始})$

高密度：ρ_y

第1式2个相加的 T 与2份热对应。原始原子已发生了变化。

把这3个同时出现记为 $(T,p,\rho)_y$。此时宇宙的内容物有大量的 (t,ε)，这是 $(\Delta t,\Delta E)$ 序性的表达方式之一。在如此极端条件下，特别是在 T_y 这样的温度条件下，$(\Delta t,\Delta E)$ 的序性借助外部高温条件加以表达。表达的方式是 $(\Delta t,\Delta E)$ 以及 (t,ε) 形成对称结构。附录16《一个卡诺循环》专门从热力学考虑对称结构的形成。

高温高压高密度的情形与塌缩的恒星或黑洞十分类似，所不同的有2点，一是这里三高的极端在量上是独一无二的，独一无二的量决定独一无二的质。二是这里的三高是 $(\Delta t,\Delta E)$ 和 (t,ε) 的三高，而黑洞的三高主要物质成份则是粒子。在 $(T,p,\rho)_y$ 时期还没有粒子。微观结团是 $(T,p,\rho)_y$ 引出的结果。

附录16　一个卡诺循环

本附录要用到附录15的符号。本附录表明，宇宙大爆炸完成一个卡诺循环，密集的本底时空元合成各种粒子或粒子砖块。

如果某一个极高的温度 T_c，使得一旦达到这个温度，$(\Delta t,\Delta E)$ 的序性就要表现为微观结团的对称性，那么，当“原始原子”的三高 $(T,p,\rho)_y$ 在 T_y 不论从上升方向还是从下降方向达到 T_c 的时候，就会有 $(\Delta t,\Delta E)$ 要表现某种对称性。而此时的密度 ρ_y 极高，以能量的本性，它必然要以构成三维和大于三维的空间方式表达对称性。按弦论的说法，这个空间的高维是 $3+7=10$ 维。当构造空间维度的时候，在任何情况下，构成本底时空是必须的。高维以卷缩叠加在本底时空的伸展维上是该高维卷缩结构存在的必要条件。利用图16－1逐点说明 T_c 引发的微观结团过程。以下我们形式地列出变化过程的节点和各个阶段，然后说明。要特别注意，图16－1描写的是一个正反粒子对 A 的热过程。A_1 与 A_2 成对。

a：三个伸展维开始伸展。

ab：伸展并叠加高维。引力热持续产生。

b:叠加结束。形成分立开始。高维区引力热产生停止。

bc:进行分立,形成分立的高密度区。

c:分立完成,开始高维度的卷缩运动。

cd:卷缩在进行,卷缩在三高的"汤"中要分立出独立的 A。

d:A 的整体卷缩结束。开始形成 A 自己两部分的对称。

da':同一个 A 中,以卷缩成两个部分的方式进行卷缩,"两个部分"的标志是它们对称。

a':对称部分形成正反粒子对。卡诺循环完成。

说明:因为处于 $(T,p,\rho)_y$ 状态的 $(\Delta t,\Delta E)$ 进行着剧烈的运动,高度均匀的密度分布自然会发生涨落。维度的发生,借助分布涨落作为有利条件。bc 阶段的分立是指高密度区之内存在相对的密度差别,由低密度区隔离出许多高密度区。这是能量的维度本性在起作用。

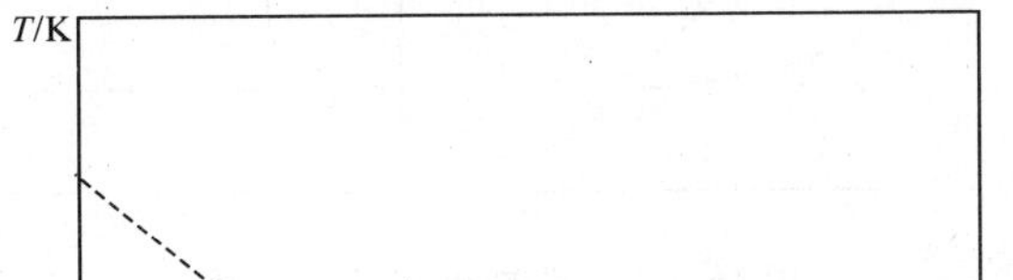

图 16-1　暴涨造成降温

在 abc 阶段,从宇宙密度 $\rho=5\times10^{155}\,\text{g/cm}^3$ 历经时间大约 10^{-43} s

而膨胀到例如10^{115} g/cm^3（电子密度为$\rho_e = 10^{20}$ g/cm^3）。差10^{40}倍，这当然是指数式的膨胀。而且膨胀主要发生在 bc 阶段。bc 阶段的膨胀要克服引力，温度剧烈下降，从 T_c 降到 T_u。在 ab 阶段的膨胀要吸收热量，于是造成了 ab 是等温过程。而在 bc 阶段，膨胀是为了造成分立。因此膨胀主要发生在较低密度区，而将要形成粒子的高密度区的膨胀可以忽略，因此 bc 是绝热过程。ab 和 bc 阶段相对于原始的 ρ_y 密度大大降低了。此时说高密度和低密度是剧烈膨胀后自己与自己比较。

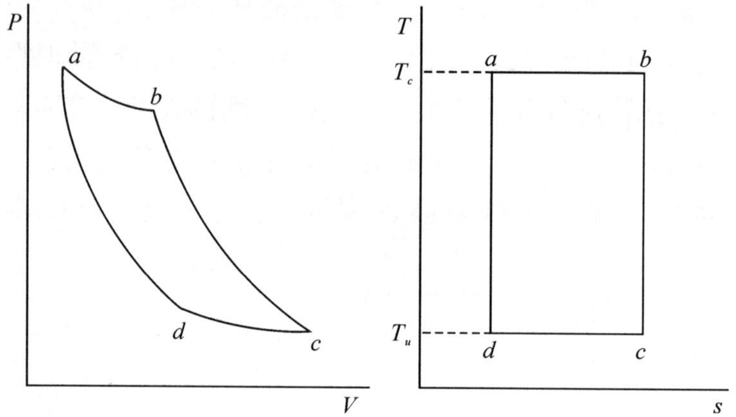

图 16 －2　微观结团的热与功

在 cda' 阶段考察新分立的高维区，促成暴涨的高维区发生两次卷缩。cd 阶段的卷缩放出的热使宇宙温度回升保持卷缩区等温，c 点与 d 点温度相同，这是等温压缩。而 da' 阶段 A 的关联部分的卷缩是两个卷缩中主要的，因此造成温度回升。粒子 A 在 da' 阶段虽然受到压缩，但 A 处在绝热状态。因为收缩主要发生在 A_1 与 A_2 的关联部分，此时热无法及时传出。它是绝热压缩过程。

通过这两点说明可以看出，ab 是等温膨胀过程。bc 是绝热膨胀过程。cd 是等温压缩过程。da' 是绝热压缩过程（见图 16 －2）。一个粒子对的形成过程，恰好完成一个卡诺循环。一个形成中的粒子对是一个卡诺热机，它当然是不可逆的。它从 T_c 吸热 Q_c，作功后在 T_u 放热 Q_u。这些粒子卡诺热机输出的功 W，用于宇宙暴涨。这些能量最终还是来自（Δt，ΔE）。显然会有关系式

$$W = Q_c(1 - \frac{T_u}{T_c})$$

宇宙年龄的 10^{-43}s 之后，宇宙内容物主要为正反粒子对及各种粒子和粒子砖块。这些产物既经生出，它们会按照自己的规律运动。它们经历了 $(T,p,\rho)_y$ 这样独一无二的严酷条件，它们的族群当然会与世长存。一直存留至今的这些粒子，其中就有2.7K的背景辐射，以及质子、中子、电子等等。已有800多种与人见过面。氢核和氦核是大爆炸后的第一批演化产物。

在这里我们可以看出，电、弱、强三力是微观结团之后的事，而引力是出现粒子之前的事。要把四者统一起来，首先要弄清引力与三力的这个区别。

不难理解，宇宙尺度的本底时空在大爆炸中也形成了。此后暗能量 (t,ε) 高度均匀地分布其中。含有 (t,ε) 的本底时空已有另外的几何了。不会与本底时空的几何完全相同。

大爆炸之后再也不能直接产生粒子，只有已存在粒子的相互关系。因为再没有独一无二的 $(T,p,\rho)_y$ 条件了。即使当初有过温升回到 T_c，因为没有 $(\Delta t,\Delta E)$ 的 p_y 和 ρ_y 而不可能出现二次暴涨。但是我们还是可以把 $abcda'$ 过程叫卡诺循环，因为如果 $(\Delta t,\Delta E)$ 有条件 $(T,p,\rho)_y$，这个循环仍然可以出现。

真空涨落的虚正反粒子对在黑洞视界面上一半实化，似乎黑洞实现了半个 $(T,p,\rho)_y$。似乎实与幻的界限发生了量子模糊。

我们用如此简单的过程描述粒子创生的过程，有3个原因：

1. 宇宙内容物质在 10^{-43}s 确实以正反粒子对为主，它们此前当然有形成过程。确实发生过的事情，又不知其细节，如果用几乎最简单的办法研究其表面现象，有可能由浅入深。

2. 我们研究的对象是如此的基本，它应该简单，在这种场合复杂的数学不符合物理直觉。

3. 我们坚信热对物质结构的本质作用。因此在粒子形成中一定有热的重要参与，这种参与表现为形式多样的对称性。对于正反粒子对这样显著的对称事实，我们也不知其细节。但是我们毕竟建立了它与热的联系。看到了引力与热关于对称性的联系。

附录 17　数学是物理的老师吗

一、存在发现物理真理的数学捷径吗

弦论从弦的纯几何讨论出发，重新导出了过去几千年物理学的所有进展。弦论是笔尖上的物理学。海王星是笔尖上的行星。数学的威力越来越大了。弦论专家相信弦论的优美来自一个根本的几何原理。这个几何原理正在寻找之中。有朝一日到手的“根本的几何原理”能导出量子引力吗?

物理学发现的客观真理中，有哪些是实验、观测作出的发现?有哪些是数学作出的发现?

数学似乎总是先于物理一步。微积分的思想和方法源自 2000 多年前的阿基米德，在中国也有祖冲之千年之前的独立创造。牛顿和来布尼兹各自独立地发展了微积分，用于牛顿力学。牛顿力学的成功，也是微积分的成功。黎曼几何完成之后 60 多年，成功地用之于广义相对论，是数学成功的典范。矩阵理论等待着海森伯的矩阵力学。微分方程等着薛丁格方程。群论为标准粒子模型准备好了数学工具，如此等等。数学确实是物理学的语言。在物理学的历史中，数学占尽了先机。有人说，几何是物理的老师，数学方法确实比物理手段更容易接近真理吗?就是说，真的存在发现真理的数学捷径吗?

人们已习惯了数学在时间之外，是永恒的存在。为什么多少代哲学家、数学家都在谈数学源自时间?数学怎么能发源自时间呢?

在本附录中，我们将沿着数学史上人们追寻数学真理性的路线，看看数学真理性到底是什么?人类的智慧又找到了什么?它为什么把物理学表达得那么惊人的准确?数学先于物理的现象其本质到底是什么?

当我们面对几个苹果数 1、数 2、数 3 的时候，数数确实是在时间上展开的。数数的时间性是无法否认的。任何数数，只能数到有限个，但是，因为我们主观上觉得时间是无限的，总可以永远数下去，于是我们把有限的数数想像成无限的自然数。给定一个界限，想像中总可以超越。这是潜在的无限。自然数是无限的，因为时间是无限的。关于自然数的直观感觉与当下有限的时间的关联，人人都会有明明白白的体验。自然数来源于有时间顺序的直观感觉确定无疑。但是有如下几个问题：

1. 所有的数学都可以追溯到时间的展开吗？好像既复杂又抽象的数学定理，连一点时间的影子都没有。自然数能代表所有数学吗？

2. 世界上没有完全相同的两个存在，粒子也是如此。那么，一旦数 1，数 2 合法吗？如此一来，自然数代表什么呢？数学有客观真理性吗？

3. $2+3=5$ 怎么随时间变化呢？来源于时间的数学，怎么会完全在时间之外，一下子变成永恒的东西了呢？$2+3=5$ 是客观真理吗？因为狭义相对论，牛顿第二定律发展了。因为广义相对论，万有引力公式也发展了。$2+3=5$ 能发展成什么呢？它凭什么一步登天成为真理呢？

二、演算真理与客观真理

“20 世纪数学的一个十分突出的方面是公理化方法所起的作用极度增长，以前公理方法仅仅用来阐明我们所建立的理论的基础，而现在却成为具体数学研究的工具”—— 魏尔。因此，公理系统与数学真理性的关系成了最普遍的关系。

电子从 S 出发到达探测器 X，狄拉克用符号 $\langle X \mid S\rangle$ 表示电子从 S 到 X 的概率振幅，它是一个复数。概率振幅有物理实在性，因为概率振幅的平方，即 $|\langle X| S\rangle|^2$ 准确表示电子从 S 到 X 的概率。费因曼说左右矢〈　〉不过是速记符号。明明有了复数 $a+bi$，为什么还要有别的符号呢？因为左右矢〈　〉及与此相关的一套符号，计算粒子的概率振幅更方便，把物理意义表达得更集中。〈　〉是数学符号吗？当然是。因为它有例如加法和乘法运算。它的平方运算结果还要参与

一系列运算。它是否像自然数一样来自于人们关于时间的直觉?看来人们至少是这样想象的。如果时间不逆转,电子总是出发在前,到达在后,那么,〈　〉以及它的各种运算有客观真理性吗?它表达了什么客观真理性?

为了叙述方便,我们把平时说的话(自然语言,如汉语、英语等)及其文字以及附加的手势或其他各种传话动作和传话设施运转等等,统一称为普通语言。把数字和数学符号及其演算、推理,以至数学公式、定理、公理等等统一叫数学语言,因为数学表达有如自然语言用字用词用句一样地使用着这些东西。

给定一个公理系统,如果一个公式或者一个定理按照选定的逻辑规则,出现在以此公理系统为出发点的一个严格逻辑推理链条的某个部位或者末端,就说这个公式或定理是这个公理系统在选定逻辑规则下的演算真理,或说有演算真理性。特别地,也说该系统的公理有演算真理性。因为任何公理都可以由它的等价命题推出来。

我们也会像物理学、化学或者生物学一样使用客观真理这个词。如果我们认为一个数学定理反映了大自然的客观性质,我们就说这个定理是客观真理,或具有客观真理性。

$1+1=2$ 可以从算术公理系统严格推理出来,当然它是演算真理。如果一个儿童说,"我拿了一个苹果,又拿了一个苹果,我总共拿了两个苹果。"与这个事实相关联,$1+1=2$ 就有了客观真理性。那么,仅仅一个孤独的数学式子 $1+1=2$ 有客观真理性吗?

存在相似但不全等的两个三角形。

过不在一直线上三点可作一个圆。

勾股定理 $a^2+b^2=c^2$。

三角形内角和为180°。

存在任意大面积的三角形。

这些都与欧几里得平行公理(第 V 公设)等价。它的等价命题还有许多许多。显然,每一条都是演算真理。并且又是如此地众多,它们是客观真理吗?

我们确实无时无刻不用欧氏几何，我们早已本能地把欧氏几何看做客观真理了。这样恰当吗？数学的客观真理检验标准是什么？

三、数学的客观真理性怎样检验

大约在公元前300年，与中国诸子百家兴盛的周赧王时代相同，希腊人以欧几里得为代表，正确地走上了公理方法的道路。《几何原本》的严密性，是所有学几何的初中学生都有深刻感受的，确实可以与诸子百家关于独裁思想达到的精深入微的境界相媲美。《几何原本》里列了5个公设，9条关于量的加减运算的公理。平行公理列为第5公设。为了叙述方便，我们把希尔伯特在1899年的《几何基础》中给出的欧几何公理系统也列出来。一共20条公理，比欧几里得严密得多了，《几何基础》发展的形式公理化方法在20世纪成了现代数学普遍应用的方法。一些物理领域也力图使用这种现代公理化方法。希尔伯特公理也分为5组，平行公理也单独排在第5组。于是在行文的时候，我们用Ⅰ、Ⅱ、Ⅲ、Ⅳ、Ⅴ这几个数字，既表示《几何原本》的5个公设，也表示《几何基础》的5组公理。

不论古和今，所有公理都要求是自明的。

两千年间，一代一代的数学家一直在改进《几何原本》的美中不足。最大的问题是Ⅴ。所做的工作只有3个内容：

A. 用Ⅰ、Ⅱ、Ⅲ、Ⅳ推出Ⅴ

B. 不然用Ⅰ、Ⅱ、Ⅲ、Ⅳ证明：¬Ⅴ（Ⅴ的反命题）错。

C. 或者用看来正确性更明显的一个新命题作为公理替掉Ⅴ。

由这些努力可以看出，人们把几何的真理性全押在公理系统上了。最重要的是公理的相容性，自相矛盾与真理水火不容。其次是完备性。没有Ⅴ，光有前4个，连三角形内角和为180°也证明不了，还有勾股定理等等一大串。几何虽然是严格推理的，但人们还是凭经验觉得，Ⅰ～Ⅴ是完备的。就是说，有真理就可以证明，能证明就是真理，真理与有证明是一一对应的，没有谁多谁少的问题。第3个要求是公理的独立性。一个公理必须不是别的公理的推论。它错对与别的公理无关，别的公理错对与它无关。人们似乎一直不放心Ⅴ的独立性。

一个公理系统有了相容性，完备性，独立性之后，几乎就尽善尽美了。按亚历士多德的逻辑，最严格地证明每一个相关命题真或者假。公理和定理天衣无缝。什么是证明的永恒性？现在是对的，将来也是对的。在地球上是对的，在月亮上也是对的，数学证明的正确性没有空间性，也没有时间性。

这就是公理系统比钢铁还硬的刚性。

阿喀流斯也有弱点，公理方法也不例外。公理的自明性凭各人感觉，没有别的办法。还有未定义的基本概念，也凭各人感觉。自明性和未定义概念是无法摆脱的，这就锁定了数学的来源是对实际的经验。

尽管有小小瑕疵，数学定理还是被认为是最可靠的真理。真理性归结为公理的相容性。于是人们形成一种数学心态，对公理的要求不断加码，以致形成数学理想。如果能找到一个公理系统，任何别的公理系统最终都归约到这个公理系统。任何数学命题最终都逃不过它的判定。最幸运的是，我们证明了它是相容的。再加上它的每一条公理都是独立的。这是一个十全十美、高雅绝妙、独一无二的公理系统。它是数学王国至高无上的独裁者。真正的圣王明君。这样一来，数学定理是演算真理是确切的，并且作为客观真理，也是不容置疑的。这个独裁公理系统（用独裁一词表明它的至高无上的客观地位和我们对它的敬仰）给出了数学最坚实的基础。

自古以来，人们都认为实践是检验客观真理的唯一标准，有了独裁公理系统，根本用不着与物质世界打交道，不用搞什么实践。只要关在房子里一支笔一张纸就可以检验任何数学真理了。

如果来布尼兹的辩论计算化实现了，一切真理都可以算出来，并且用计算加以检验。

四、分析严密化与罗氏几何都涉及数学基础

研究数学基础的动机，第一个就是探索数学的客观真理性。严密化和罗氏几何的出现使问题更迫切。

大约在17世纪60到70年代牛顿和来布尼兹独立地发展了微积分(后来也叫分析),并且使之大获应用。康乾盛世文字狱与其并行。中国第一本微积分书译著1859年出现。

微积分的应用几乎无往而不胜。在大约一个世纪的时间里,分析自身也有了极大的发展,数学获得了前所未有的巨大成就。与此同时,分析的不足之处也表现出来了。

数学界形成一种风气,能用就正确。阿贝尔在1826年说,分析“从来没有使人信服过”。他又说,“利用发散级数,人们想要什么结论就可以得到什么结论。”人们随心所欲地把适于有限的运算法则无条件用于无限,不断造成混乱和争吵。关于数学严格化的历史、细节、数学实质,菲赫金哥尔茨在《数学分析原理》里有很全面的描述。总之,因为人们看出了数学的发展主要受益于大胆创新,数学基础严密化相比之下作用并不大,欧几里得追求的严格性被嘲笑为自找麻烦。

伯克来主教的攻击最有代表性,无穷小到底是不是零(1734年)?虽然伯克来是出于宗教的动机,但归结到这一句话却是正中要害。

分析严密化的过程是围绕数学基础进行的。也就是重拾欧几里得的公理化方法。

柯西、阿贝尔开创了分析严密化的潮流。魏尔斯特拉斯的 $\varepsilon-\delta$ 语言表达了严密的分析。正是魏尔斯特拉斯第一个认识到,严格的实数系统是分析严密化的必要条件。分析严密化的标志是分析算术化。

戴得金用有理数制作的戴得金分割严格定义实数(1872年),康托尔用有理数串定义实数(1872年),魏尔斯特拉用有理数的有界单调序列定义实数(1872年),三人同时建立了等价的实数系,分析算术化就完成了。有理数扩张成包含有理数的实数。集合 N 扩张成包含 N 的集合 M,在集论中发展成为重要方法。

牛顿和来布尼兹凭直觉引入的无穷小被开除了。至少比起 $\varepsilon-\delta$

语言来，无穷小地位大大地下降了。

皮亚诺以三个概念和五条公理确立了严密的自然数系统。又由自然数到整数，由整数到有理数。

“大约在1890年左右，在埃及人和巴比伦人能使用整数、分数和无理数的六千年后，数学家们终于可以证明 $2 + 2 = 4$。”

如果把几何的点与数对 (x, y) 对应，把直线与方程 $ax + by + \omega = 0$ 对应，几何元素都成了数。研究几何只研究数就行了。总之，到1900年前后，分析的算术化完成了，几何的算术化完成了，整个数学的算术化完成了。

迟到微积分发明后大约300年的1961年，罗宾逊才给出了无穷小的严格理论。无穷小重新被招回是靠罗宾逊实数的非阿基米得性质。戴得金实数（标准实数）有阿基米得性，任给实数 $\alpha > 0, \beta > 0$，有自然数 N，使得 $N\alpha > \beta$。罗宾逊实数（非标准实数）不是这样，任给实数 $\alpha > 0$，找不到自然数 N，使得 $N \times$（无穷小）$> \alpha$ 成立。代替标准分析，非标准分析是新的分析。

就在柯西和阿贝尔发起分析严密化的潮流的19世纪20年代与30年代之交，罗巴契夫斯基和鲍耶都有了非欧几何的成熟看法。公理Ⅰ、Ⅱ、Ⅲ、Ⅳ加上 $\neg$ Ⅴ，由此出发，如果得出矛盾，就证明了Ⅴ。寻找矛盾过程拖了2000年，拖出了一个长长的推理严密的庞大系统，比欧氏几何还要复杂、庞大。矛盾总没有出现。罗氏和鲍耶明白了，这样的矛盾结果本来就不存在。承认 $\neg$ Ⅴ也是公理，面前就是一个新的几何学。

欧氏几何 Ⅰ、Ⅱ、Ⅲ、Ⅳ、Ⅴ

罗氏几何 Ⅰ、Ⅱ、Ⅲ、Ⅳ、$\neg$ Ⅴ

Ⅴ说只作一条平行线，$\neg$ Ⅴ说至少作两条。但是并不排中。还有第三者：一条也作不了，记为 V_N。

Ⅰ、Ⅱ、Ⅲ、Ⅳ、V_N 是不是新几何？是。大家都知道这是晚到1854年黎曼的工作。现在说黎曼几何通常是指同一年黎曼用微分几何方法统一处理变曲率的3种几何。当时的人更关心Ⅴ与 $\neg$ Ⅴ的矛盾。

V 与 $\neg V$ 直接矛盾,怎么接受呢?

后来人们发现,在罗氏空间的极限球上欧氏几何成立,于是只要罗氏几何无矛盾,欧氏几何就无矛盾。而在欧氏空间的庞加来模型中罗氏几何成立,于是罗氏几何相容就归结为欧氏几何相容。这都是相对相容性。

拖了2000年,为什么到19世纪20到30年代同时会有2人或几个人认识到非欧几何存在?非欧几何基本的罗氏函数,用到函数连续性,还用到数e。它必须有分析支持。

人们还是认为欧氏几何是现实世界的必然几何,罗氏几何只是欧氏几何模型上的几何,一种“虚几何”。

我们看到,即使是一个相容的公理系统的真命题,对另一个公理系统可以为假。而且对于独立于系统的公理,数学家个人似乎有了取舍的自由。数学的客观真理性怎么理解呢?

由于几何算术化,欧氏几何的相容性归结为算术的相容性。数学算术化把数学的相容性归结为算术相容性。算术相容虽未证明,但人们相信,算术相容性是显然的。

有人认为分析严密化的最高成就是康托尔于1873年创立的集合论。集合论迅速从基础方向渗透到各个数学分支。弗雷格用集合论定义了自然数,数学的相容性因此归结为集合论的相容性。集合是如此地直观,证明集合论的相容性看来只是迟早的事情。集合论必然给出最坚固的数学基础,使数学永远摆脱自相矛盾。独裁公理系统似乎在地平线上露出了头。

在1900年第二届国际数学大会上,庞加来总结了当时数学的一片大好形势:“今天我们可以宣称绝对的严密已经实现了。”希尔伯特于同一个会上在23个问题中,列出了2个问题:证明或否证连续统假设(CH);证明算术的相容性。数学基础还有2个漏洞。算是美中不足。

物理学在世纪之交也有同样的自豪感。物理学的天上万里晴空(美中不足,还有两朵乌云)。在世纪的更替,人们对未来充满了希望。就像过春节，讲的都是吉利话。确实，物理和数学取得的成就配得上这些大器的吉利话。

五、为数学的客观真理性进行的大讨论

像物理学的两朵乌云成了疾风暴雨一样，数学坚固的基础进入新世纪就发生了动摇。

1902 年罗素悖论公开。与已往的那些悖论不同，罗素悖论有严格的数学式子。

$$\exists M \forall x(x \in M \leftrightarrow x \notin x) \qquad (17-1)$$

若 $M = x$ 则 $x \in x \leftrightarrow x \notin x$，这是一个明显的矛盾。当然，$x \in x$ 是很古怪的。它好像是说，64132 班的学生是 64132 班的成员，64132 班也是 64132 班的成员（$x \in x$）。

罗素悖论的震撼引发了 20 世纪头 30 年对数学基础的广泛深入的研究。形成了互相借鉴又互相批评的 4 个学派。逻辑主义，直觉主义，形式主义和公理集合论主义。数学天地如此论题集中如此广泛的大讨论是空前的。他们都为数学的真理性而奋斗。每一个学派都做出了不朽的工作，每一个学派都没有达到目的：数学的客观真理性始终没有抓住。

不朽的工作和没有达到目的都有深远的影响。现代数理逻辑的 5 个分支：公理集合论、证明论、模型论、递归函数论、逻辑演算，源自逻辑大讨论的不朽的功绩。但是，“没有达到目的”将会改变我们对数学客观真理性几千年的看法。

四个派别只是数学的一段历史。

1. 逻辑主义。代表人物罗素。主要著作是《数学原理》。把集合论看作逻辑的一部分。认为从逻辑可以推出全部数学。这样数学就建立在“永恒的、可靠的”基础之上。悖论就没有了。逻辑就成了我们这里所称的独裁公理体系。逻辑主义的目的并未达到。关键是集论不是逻辑。人们认为逻辑主义作出的实质工作，是把数学真理性压缩到集论。用逻辑直觉代替算术直觉，代替几何直觉。为数学奠定了逻辑基础。逻辑主义“代表了一个第一流的学术运动，它是对于人类思想的力量和美妙的巨大贡献。”

2. 直觉主义。代表人物布劳维尔。认为数学的基础是人的数学直觉,不是逻辑。逻辑属于语言,用于导出更多的陈述。用其他方法得不出的真理,逻辑也导不出来。是逻辑依赖数学,而不是数学依赖逻辑。逻辑是数学的一部分。

直觉主义并不关心相容性,因为数学直觉是天然相容的。从原始的数学直觉可以产生有限序数,即潜无限意义下的自然数。因此布劳维尔以自然数为基础展开数学,而不以集论为基础。

直觉主义否认排中律。因为排中律是从有限集合抽象出来的,不能无条件地使用于无限集合。

数学可靠性的唯一标准,是“主观直觉上的可构造性”。

一个数学存在的可构造性是指它或者直接给出来,或者给出一个程序,按此程序经有限次操作后“构造出”这个数学存在(或达到给定的精度)。与可构造性证明相对的,是存在性证明,例如魏尔斯特拉斯准则:每一非空有上界的实数集合都有上确界。这个上确界的求法并不在证明之中给出。直觉主义当然不承认这样的证明。再如哥德尔1930年证明,包含自然数算术的形式系统如果相容,它必定包含一个不可判定的命题。这个命题是存在的。但哥德尔具体指不出一个,直到1977年别人才找到了一个。

数学直觉是什么呢?布劳维尔认为,时间是“数学的源初直觉”。康德、哈密尔顿、叔本华都认为整数来源于时间的直觉。布劳维尔大大地扩大了这种思想。其实我们的感觉当然依赖于时间。数是这样,形也是这样。感知线段、平面、空间,都必须在时间上展开成过程。因此可以认为,数学直觉来自经验。

直觉主义未达到用数学直觉改造全部数学的目的。

直觉主义关于数学直觉的说法是含混不清的。他们始终没能给出关于数学客观真理性的明确标准。这一段历史虽然过去了,直觉主义逻辑(否定排中律)还是得到了承认。

3. 形式主义。代表人物希尔伯特,目的:为数学建立永恒的牢固基础。形式公理系统先被确定。它只是形式，它包含的概念只有形式意义，没有内容意义。什么对象满足形式公理系统，该对象就是形式公理的内容。这些对象作为基本概念，其地位是未加定义概念。要用形式公理把未定义概念完全确定。希尔伯特进一步发展他在1899年《几何基础》中的形式公理系统方法，证明皮亚诺算术的相容性。因一旦自然数相容性被证明，数学就无矛盾可言了。但自然数的相容性再也不能用相对相容性证明了。这个焦点问题比初看起来要难得多。希尔伯特不得不对证明结构本身进行分析，由此希尔伯特为数学真理找到了证明论。

当时的数学（古典数学）许多分支还得先公理化（记为 T），然后用逻辑主义派发展起来的形式逻辑，把 T 和所用逻辑形式化得到形式系统（记为 T_F）。T_F 由推理部分和形式部分组成。把 T_F 作为数学对象，判断其相容性。如果证明了 T_F 相容，T 相容就证明了。

研究 T_F 的数学理论（记为 T_m）叫证明论。T_F 相容性的证明将在 T_m 之内完成。这种证明必须用有限的方法，希尔伯特的有限方法比布劳维尔能接受的还要严格。

希尔伯特的方法引起了广泛的反响。人们证明了，古典数学的每一个分支都可以归约为形式系统，其中包含有限条公理。充满信心地认为相容性、完备性可以在形式系统中证明。

自然数是人类再熟悉不过的数学了。数学发展了2000多年，1889年皮亚诺才给出了自然数的五条公理（N）和3个未定义概念（0，数，后继）。皮亚诺公理形式化为7条，由此形式公理系统（N_F）未能完全界定3个未定义概念：

①$\forall x(x' \neq 0)$

②$\forall xy(x' = y' \rightarrow x = y)$

③$\forall x(x + 0 = x)$

④$\forall xy[x + y' = (x + y)']$

⑤$\forall x(x \cdot 0 = 0)$

⑥$\forall xy(xy' = xy + x)$

⑦$A(0) \wedge \forall x[A(x) \to A(x')] \to \forall xA(x)$

最后一条是数学归纳法的基础。

从1927年到1930年，希尔伯特一再表示有充足的信心证明自然数算术的无矛盾性。但是，就在1930年，哥德尔的一项结果证明，希尔伯特的目的不可能达到。形式主义、逻辑主义、直觉主义的历史使命出人意外地结束了。

形式主义开创了证明论。哥德尔正是在希尔伯特规划的基础上，作出了数理逻辑最重大的发现。

4. 用集合论公理化方法消除悖论，建立相容的统一的数学基础，也被人称为集合论公理化派而与上述的三派并立。

集合论公理化的代表人物是策墨罗。目标：以公理集论代替康托尔的朴素集论。公理集论能涵盖全部数学。公理相容、完备、尽量独立，表述简洁。除8个逻辑符号 $=$、$\neg$、$\vee$、$\wedge$、$\rightarrow$、$\leftrightarrow$、$\forall$、$\exists$ 和逻辑变元之外，尽量少地包含非逻辑符号。

1908年策墨罗提出了一组形式公理。1922年弗朗克补充了一条替换公理模式，共9条，习惯记为 ZF 公理系统。策墨罗提出的选择公理(CA)，除过第五公设，它是讨论得最多的公理。也像第五公设一样，得出一大串等价命题。加上 CA，就有了 ZFC。

其他公理还有很多，但长期的数学活动似乎选择了 $ZF(C)$。共10条公理。从对各公理的评论，我们可以感觉到人们对整个数学基础现状的疑虑。人们再也没有像1931年之前那样理直气壮地谈数学的客观真理性了。从欧几里得到1931年，人们追逐的永恒的数学真理到哪里去了？

ZFC 形式公理系统：

① 空集公理。

② 外延公理。

③ 对公理。

④ 并公理。

⑤ 幂公理。

⑥ 概括公理模式。

⑦ 无穷公理。

⑧ 替换公理模式。

⑨ 正则公理。

⑩ 选择公理。

人们对公理的一些评论。

无穷公理。数学结构根本上是建立在无穷公理的正确性之上的,然而却没有丝毫理由相信这个公理的真理性。更糟的是,根本没有办法对其真理性做出判定。

选择公理(CA)。选择公理引发的非议,除过第五公设,比其他任何公理都多。给定一组集合,从每一个集合里选一个元素,这些元素组成一个新的集合。这在有限集合是再明显不过的事。选择公理当然是对的。但是如果在无限集合中选一个元素,或者更进一步,甚至有无限个集合,每一个又都是无限的,选择公理还行吗?没人能做无限次操作,想像中发生的无限操作永远能进行吗?

从有限过渡到无限,选择操作不会引发矛盾没有任何保证。

在 CA 被明确为公理之前,人们无意之中已用它多次了,例如高等数学里,每一个上升且上有界的无限集合中,总存在一个收敛的单调上升数列。再如康托尔证明每个无限集都有一个可数子集。两个证明无意之中都用了选择公理。直接禁用选择公理,大学数学教学也会遇到困难。选择公理确实太有用了,它有 20 多个等价命题,分布各数学分支,说明它在数学中根基特别深,人们不得不接受它。没有选择公理会举步维艰,但选择公理会推出与直觉相悖、显得十分怪诞的结论,也使人不安。

概括原则。康托尔定义集合很借重后来称之为概括原则的数学方法。“教室里的所有学生构成的集”,“满足性质 p 的所有 x 构成的集 s”,我们写成 $s=\{x \mid p(x)\}$。或者按上列公理用逻辑符号的习惯写成 $\forall x \exists s[x \in s \leftrightarrow p(x)]$,并且限制 x 是数学对象。这个式子作为命题在数学中就是有意义的。这个式子也叫概括公理模式。这样用一个谓词概括一大片的办法引起了一些悖论。例如“凡不属于自己的集合组成的集合”就引发了罗素悖论。见式(17－1)。

为了改造概括原则，留下有用的，去掉可能混进含混语言(谓词)而发生悖论的成分，策墨罗把概括原则(或概括公理模式)改造成6条公理：空集公理、对公理、并公理、幂公理、无穷公理、替换公理模式。这6条都是集合的存在性公理。连同选择公理，这7个公理就是集合存在公理的全体。

看过集论的形式公理我们就可以明白，正如有人评论的，怎么能消除悖论，人们就怎么改造集论，也就是怎么制造公理。

集合论的悖论消除了。由于形式公理语句严格，语义含混而引发悖论的可能被降到了最低。当然，后边就会谈到，像所有公理系统一样，赶不走的未定义概念仍然是可能的漏洞。并且，自然数明确而简练地建立在集合论之上，纯数学确实严格地归结到集合论。集合论为全部数学提供了基础。寻找数学相容性最后全集中在了集合论。即使是相容性待查的集论也切切实实地为整个数学提供了比较以往更坚实的基础，几乎每一个分支都与集合论相关。

作为一段历史的评论，最主要的，集论形式公理系统的相容性并没有证明。就是说，公理集论方法没有达到独裁公理体系。

六、哥德尔的废墟

设N是皮亚诺算术，N_F是N的形式公理系统。则同一个自然数n，在N_F用黑体字表示，在N用宋体表示。n叫数，$\mathbf{n}$叫数词。哥德尔编码(G编码)。例如指派符号的哥德尔数：

$\forall$	$\exists$	(	)	x	y	=	$'$	+	$\to$
1	2	3	4	5	6	7	8	9	0

则$\forall xy(x' = y' \to x = y)$的哥德尔数为15635876805764，而$\forall xy(xy' = xy + x)$的$G$数为1563568756954。采取一些技巧，例如利用指数、质数等等，对形式公式编码，可以编得出码，也可以从码找出形式公式。大到一个数学分支，叙述总是有限的。这就把形式系统N_F映射到直观的自然数N。

设 $A(k,n)$ 是自然数的一个二元关系，其中 k 是 N_F 中某个命题 $B(a)$ 的 G 数，n 是 $B(k)$ 在 N_F 中形式证明 $N_F \vdash B(\boldsymbol{k})$ 的 G 数。让命题与证明建立二元关系 A。

假定 $A(k,n)$ 在 N_F 中是数词可表达的（省去证明），即

$A(k,n)$ 真 $\rightarrow N_F \vdash \ A(\boldsymbol{k},\boldsymbol{n})$

$A(k,n)$ 假 $\rightarrow N_F \vdash \neg \ A(\boldsymbol{k},\boldsymbol{n})$。

1931 年，哥德尔发表了不完全性定理。哥德尔第一不完全性定理：如果 N_F 是相容的，则 $B(\boldsymbol{k})$ 在 N_F 中不可证明；如果 N_F 是 $\boldsymbol{\omega}$ 相容的，则 $\neg\ B(\boldsymbol{k})$ 在 N_F 中是不可证明的（省去 $\boldsymbol{\omega}$ 相容的定义）。

如果 N_F 是 $\boldsymbol{\omega}$ 相容的，则 N 是不完全的。

以下只给出定理前半部证明的脉络，便于我们思考。自然数的逻辑问题，又用自然数去解决。如果我们说，数学是发明，逻辑是发现，合理吗？这里逻辑命题和推理过程与自然数的一一对应，与数学在物理中的应用方式，有根本的不同。人与身份证号码的一一对应以及学生与学号的一一对应，只是特定时空的一段历史。这里 G 数建立的一一对应可以具有时间上的永恒性。这种对应显示了有相同的性质。

构造命题 $\forall y \neg\ A(a,y)$，令 $B(a) = \forall y \neg\ A(a,y)$ （17－2）

设 k 是 $B(a)$ 的 G 数，由 $A(k,n)$ 可知 $A(\boldsymbol{k},y)$ 说，y 是 $B(\boldsymbol{k})$ 在 N_F 中形式证明的 G 数。

用反证法证明脉络如下：设 $B(\boldsymbol{k})$ 在 N_F 中可证，即有

$N_F \vdash \ B(\boldsymbol{k})$ （17－3）

令 n 为式（17－3）某具体证明的 G 数，则 $A(k,n)$ 真。由 $A(k,n)$ 在 N_F 中数词可表达，有

$N_F \vdash \ A(\boldsymbol{k},\boldsymbol{n})$

$\vdash \exists y A(\boldsymbol{k},y)$

$\vdash \neg\ \forall y \neg\ A(\boldsymbol{k},y)$

所以 $N_F \vdash \neg\ B(\boldsymbol{k})$ （17－4）

这与（17－3）矛盾。故 $B(\boldsymbol{k})$ 在 N_F 中不可证。

人们原以为真与证天然配合，有真必有证，其实真大于证明。如果形式公理系统包含的是客观真理，那么任何系统都不能完全包含属于它的真理。总有真理要漏网。形式公理系统包含的真理比当初人的直觉预期的都要少。

哥德尔第二不完备性定理：如果 N_F 是相容的，则 N_F 的相容性在 N_F 内不可证明。

这个定理告诉我们，如果数学是相容的，在数学内部不可能证明数学的相容性。至少目前的逻辑是这样。这也是演算真理。

七、不存在独裁公理系统

既然哥德尔定理不允许在 ZF 系统内证明 ZF 的相容性，由于 ZF 对数学的基础性，ZF 的相容性看来是无法证明的。因此独裁公理系统是不可能存在的。好像是说，数学和逻辑是自由女神代管的。

数学总是靠直觉和严密两条腿走路。所有严密都是应直觉要求才开的头。严密和直觉没有一个是绝对可靠的。让我们借助直觉：如果一个公理系统久经考验，我们就相信它是相容的。对它的相对相容性我们都认可，并且任何公理系统对它的相对相容性都获得了证明。如此一来，虽然不是"天授"的，我们还是有了独裁公理系统。

然而，任何公理系统都面临着未定义概念。例如皮亚诺自然数系统的 3 个基本概念：0、数、后继。形式公理系统有一个安排：公理是严密的，先形式化公理，然后用形式公理系统蕴含地完全确切地限制未定义概念，这样就把未定义概念这个几千年烦恼人的漏洞堵死了。

但是这种安排只是直觉上的，并未严格证明。洛文海姆 - 斯柯伦定理却证明这是行不通的。

洛文海姆 - 斯柯伦定理告诉我们，在一阶逻辑中，如果一公式集合 S 有一模型，那么它就有一个基数为 $\max\{\aleph_0, \bar{\bar{s}}\}$ 的模型。因此有限条公理必有一个可数模型。一个形式公理系统可以有多个模型（解释）。这些模型截然不同，但都是形式系统所要求的。然而在直觉上，我们只要当初心目中的那个模型。按身份证上的照片找人，可以找到若干个“真假美猴王”,并且单靠照片不可能区分这些人。

实际上,每一个相容的系统都存在着相应的可数模型。例如如果指皮亚诺的0为1000,那么999以后的自然数就是皮亚诺公理的一个模型。另外,0,2,4,6,… 也是一个模型。1,1/2,1/4,1/8,… 也是一个模型。显然,满足皮亚诺5条公理的模型有无数个。即使在皮亚诺形式公理中加了 $x+0=x$ 和 $x\cdot 0=0$ 也没有本质改善。

不可能用公理系统描绘唯一的数学对象。洛文海姆 - 斯柯伦定理把最严密的形式公理系统的天大漏洞彰显出来。这个漏洞来自未定义概念。就是说,即使有了独裁公理系统,真理性还是不确定。

没有必须的可靠性,数学还是客观真理吗?

让我们再看一看作为数学大厦基石的集论现在如何?

1. 1938年哥德尔证明,从 *ZFC* 推不出 ¬ *CH*(连续统假设 *CH* 的否定),即 *ZFC* 与 *CH* 是相容的。

2. 1963年柯恩用力迫法证明,从 *ZFC* 推不出 *CH*,从而 *CH* 与 *ZFC* 独立。

3. 柯恩也证明了,选择公理 *CA* 对 *ZF* 独立。

4. *CH* 仍然是一个大难题。既然 *CH* 要界定自然数与实数的基本关系,可见我们最熟悉的数学也有些面生。

5. *ZF* 集论并没有涵盖全部数学,例如范畴理论和同调代数,还有数理逻辑的一些部分。

6. *ZFC* 是不完备的,因为 *CH* 就无法判定。*ZFC* 的相容性不可能在 *ZFC* 中证明。事实是,相信 *ZFC* 的相容性,算是一种信仰。信仰是缺乏知识的无奈之举。

从最严格的一尘不染的公理走到了世俗的信仰,数学用得着这样吗?后边我们就会看到,不必如此。总之,我们跟着历史一路走来,随着伟人们的脚步追寻独裁公理体系。我们相信它存在,我们相信它能被找到,我们相信找到它之后数学的客观真理性就一劳永逸地闪烁着永恒的光芒。数学再也不会有自相矛盾了。现在可以说,无需寻找了,不可能找到。即使在信仰中找到了,通过未定义概念还会有不确定性渗入数学。连我们最熟悉的自然数也有茫然不知的一面。数学对我们的恩赐最慷慨，数学对我们智慧的要求也最苛刻。

既然如此，发现真理的数学捷径更加有吸引力。

八、以实用检验数学的有效性

既然数学自己不能证明自己的真理性（相容性），那么，人们马上就会想到，在数学以外寻找出路。对数学真理性的信仰，根源就在于数学对实际的应用。自古以来数学真理性就有 2 个标准并行，一个是相容性，一个是“让物质来判断数学”。在 1931 年之前，“相容性”总是告诉“物质”，一个定理使用 n 次都是成功的，但是无法保证 $n+1$ 次会成功。虽然古代的中国、埃及、印度自发地以实用来检验数学，但总的来说“相容性”是占上风的。据研究，中国古代的数学传统方法就是构造性的。算出来就是检验。如果要划分，应该属于“物质”检验。

现在，绝大多数人都承认，逻辑和数学来源于人对物质世界的感觉。而数学在化学、生物、经济特别是在物理学中的成功应用，理论对实验符合的精确程度一再地使人惊叹，以“物质”检验定理的真理性或有效性是当下的潮流。当然，也有人对数学的真理性一点也不关心。能用就行。

以“物质”检验数学历来也有直接和间接两种观念。一是认为人的心智可能独立地达到客观真理，像检验任何客观真理一样，数学定理是否符合实践，是唯一检验标准。

另一个检验方法并不直接。在自然科学上的应用是否成功，作为检验数学的标准。

直接检验其实没有什么好办法。例如欧氏几何的希尔伯特公理第 I 组包含 8 条关系公理，I (8) 的四面体模型（顶、棱算点和直线），似乎提供了检验的一种实物。作一个金属的四面体，用实验测定其符合 I (8) 的程度吗？金属四面体的顶点像几何点吗？事实上，它们总是一些小曲面。作一个金属的三角形来检验公设 V 吗？达到什么精度算是符合，或不符合？就算检验了 V，$\neg$ V 怎么办？检验了常曲率几何，变曲率黎曼几何怎么检验？而且皮亚诺公理有可数个模型，怎么检验？

直接检验不可能实施。

间接检验遇到的第一个问题是，我们检验数学与物理的捆绑体，捆绑检验到底检验的是物理还是数学？

自然数是最基本的，但是，当我们数了1，数2就是非法的。因为世界上没有完全相同的两个存在。苹果大小不同，电子状态不同，昼夜长短不同。当一个孩子会数两个苹果的时候，他已经有了抽象能力。他是数概念。他从个别的苹果中分离出了一般的苹果，这就是苹果概念。苹果概念是理想的，完美的，有大小和颜色等等。没有个别到一般的抽象，就没有自然数。人的第一个数学直觉就是数个数。从具体事物中抽象出质，再从质中抽象出量。这时候量比质更一般，更宽范。因此自然数是无法检验的。数1、数2、数3可以，要做物质检验，自然数只是近似。

还有，例如$3+2=5$是算术公理的一个演算真理，此类的演算真理用之于哥白尼的日心说，我们就认为它被检验为真理了。那么，用之于托勒玫的地心说，我们会说它是错误吗？数学场论用之于分子动理论，如果因为成功，认为它们都是客观真理，同样的数学场论用之于热质说，数学的场论就是错的吗？

黎曼几何用于广义相对论是数学应用最成功的例子。广义相对论一再被证实（除过太小和太远），黎曼几何是真理了。1919年卡鲁查想在广义相对论的4维时空加1维空间，把电磁与引力统一起来，5维度规张量$G_{\mu\nu}(\mu,\nu=1,2,3,4,5)$与广义相对论的4维度规张量$g_{ij}(i,j=1,2,3,4)$的关系被写成

$$G_{\mu\nu}=\begin{bmatrix} & & & & A_1 \\ & & & & A_2 \\ & g_{ij} & & & A_3 \\ & & & & A_4 \\ A_1 & A_2 & A_3 & A_4 & 1 \end{bmatrix}$$

A_K 是电磁4维矢量势。G_{55} 没用，写成1。卡鲁查当时并不成功，那么，黎曼几何错了吗？

因此，捆绑检验检验的是物理，根本没有检验数学。

以"物质" 检验数学的真理性是行不通的。

这样一来，数学的客观真理性没有任何检验办法。

量是客观存在的，数学是反映量的客观真理吗？量与质的关系是物理关系，弄清这个关系是物理的事。弄清了这个关系，数学才能表达量。自然界没有脱离量而单独存在的质，当然也没有脱离质而单独存在的量。这就是数学真理无可实践检验的原因。

不存在不受检验的客观真理。

九、数学是表达量的语言

当要认识质的时候，要用到量。当要表达量的时候，产生了数学。看来数学本身无客观真理或与客观真理相对立的谬误可言。把数学看作语言最中肯。数学作为表达量的语言，与我们的普通语言并列。作为语言数学与普通语言没有本质不同。数学之所以逸世独立，只在于它作为表达量的语言，要比普通语言复杂得多，抽象得多，严密得多，高雅得多，特别是精确得多。精确性作为数学表达量的特征，使数学与普通语言又有质的不同。精确性功能使数学在语言中独占地盘。当然如《红楼梦》、唐诗、《洛神赋》、《离骚》等等，也是高雅到几乎高不可攀的程度，只是数学普遍地难，几乎没有易。而且因其抽象没有群众性，显得特别孤傲。其复杂性造成的困难，对于一般人却很不值得克服。

数学追求的是演算真理，与客观真理无关。它有自己的检验方法。

普通语言有很复杂的功能，但是归结下来，有 3 种基本功能：信息性功能、表达性功能和指令性功能。这 3 种基本功能，也界定了作为语言的特点。数学以符号作为语句，确实有这 3 种基本功能。学术论文中的数学传达了信息。群论表达了对称。爱因斯坦引力场方程表达了引力场。牛顿的反平方公式表达了引力。画法几何表达机械零件。而教官喊向前三步走，电报的一些0和1组合，都传达了命令。数学当然有指令功能。数学显然具有语言的基本特征。反过来，除了数学关于量的表达更精确之外，与普通语言没有本质差别。数学是人造的语言。

物理学通过实验认识事物的质，并通过量来把握质。数学表达量，止于量。数学不能代替物理实验。因此，质是与数学有关联但在纯数学计算之外的客观存在。

数学的定义：数学是精确表达量及其变化的语言。

表达的精确性是数学存在的根本原因。质决定数学在何处发挥精确性。现实世界任何质都与量相关，量有共性，因此数学的普遍性是天然的。数学无所不在。因为数学以世界通用或认可通用的符号作为语句，数学是真正的世界语。但是，柯西之后，再也没有数学全才了。因此，数学形成了越来越多的“方言”。

数学因为实际需要而产生。产生了的数学自身作为一种客观存在，内部冲动与外部原因相结合而不断地发展。表面上显得与现实世界相去甚远，其实它总是为表达现实世界在发展语言。

到此我们可以回答一直困扰数学的一个古老而又现实的问题：数学是发明还是发现？

从客观真理角度看，数学肯定是发明。从演算真理角度看，数学当然是发现。这也解释了数学家往往有发现感觉的原因。而且数学虽然是语言，人们却不能想说什么就说什么。因为所用逻辑和公理系统及未定义概念一旦确立，演算真理就不是人为的了，数学证明必须有可复制的客观性。这种复制能力是普通语言无法企及的。新制诗词曲赋不是复制。

那么，公理有客观真理性吗？没有。因为公理尽管是从实际中来的，客观上它却是作为语言被提取和使用的。公理的所谓客观真理性同样也应当面临“物质”检验的问题。但是对公理的检验并非通过物质实践，不存在与实践检验无关的客观真理。

公理有演算真理性吗？有。因为公理是数学分支推理链条的一环，只是成了首环。但是所有公理都是反复核查才成为首环的。它的许多等价命题还作为中间环节存在于数学体系之中。例如第 V 公设有那么多等价命题存在于欧氏几何之中，选择公理在数学证明中被多次使用，策墨罗第一个把它作为公理。人们会马上质疑这个公理，发现它有如此多的等价命题，说明它十分有用，只是因为它在等价命题中，显得最“自明”，才作了公理。而在公理系统中找到定理及其证明，确确实实是发现。因此，总体来说，数学是发明。但找到定理或证明却是发现。有如人发明了货币，但经济学却发现了货币的一些规律。人为的存在也是客观存在。客观存在就有规律。普通的汉语、英语靠语序，俄语代之以变格。语言当然都有自己的规律。这些规律刻画语言这种客观存在的内在性质。认识到当然属于发现。

数学的发展主要是创造性，而不是严密性。认识到数学的语言本质，人们就可以放心大胆地创造更多的数学体系，更广泛地使用数学去解决科学问题，而不受是否客观真理的烦恼。没有不涉及量的科学，因此，所有科学只有会使用作为精确表达量的语言的数学，才算真正成了一门科学。

虽然发现客观真理的数学捷径不存在，但是表达客观真理的数学语言肯定会永远繁荣。

十、结论

从发现客观真理看，数学不是物理的老师。

数学是表达量及其变化的语言。量的变化表现为在时间上展开的过程，因此，人们把时间看作是数学的源初直觉是正确的。

数学作为整体是发明。但是人们可以发明核电站，发明飞机，却没有人能发明永动机。发明当然有客观依据。因此才有演算真理。数学一旦发明就是客观存在。定理公式对于数学这个客观存在来说，当然是发现。一元二次方程的求根公式，谁找出来都是那个样子。这些发现的客观真理性不是关于大自然的客观真理，它只限于数学自身。因此我们才使用演算真理一词。数学真理只在数学内部检验。因此对于大自然来说，数学无所谓真理和谬误。数学单独不能发现大自然的客观真理,却能表达关于客观真理的量。

数学的真理可以一步登天,而不像物理真理那样,在实验的追逼下,永远无休无止地向更加精确、更加符合客观事实的方向艰难迈进。没有任何人指望3 + 2 = 5 或者一元二次方程求根公式能发展成别的样子。

因为量有共同性,大自然的统一性,这些共同部分虽然是变化中的环节,却会在过去,现在,将来,不同地方重新出现。作为表达量的数学,好像具有时间之外的永恒性。因为大自然的量的变化形式是无穷无尽的。要精确表达这些量,数学发明必须永无止境。生活和科学把量的变化展现给人的直觉,表达量以模拟量为基础,不存在脱离物质的柏拉图数学王国。因此,没有发现客观真理的数学捷径。

总之,作为整体,数学是为了精确表达量而作出的具有语言性质的发明。这个发明则由探索自身在各个局部作出的发现所组成。

正像大型计算机模拟核爆炸,模拟恒星演化而从已有的物理真理借助数学精确表达得到新的知识一样,如果把 2000 多年以来的全部物理知识统一在一个新的数学框架之下,那么这个统一的物理陈述也会告诉我们新的知识。新的物理知识不是来源于表达所用的数学,而是本来就蕴含在已有的物理知识之中。有笔尖上的海王星是因为先有对天王星的观测和万有引力定律。所有的物理理论预言都有类似的情形,就像侦探对证据加以分析推理出罪犯一样,优美的数学表达会最大限度地加深对已有物理真理的认识。弦论声称已找到了人类已知的全部物理知识的统一数学表达,这是新的物理理论大突破必须的聚焦。由此合理地加深对现有物理的认识。但是,如果即使如此也不能建立量子引力,那么,人类发展了 2000 多年的物理知识并未包含量子引力必须的客观真理,或者已有的物理埋下了基本物理概念错误的祸根,也可能两者兼而有之。于是,或者再实验,或者改造物理观念,但这都不是纯数学能做的事情。我们认为新的时间观念最关键。弦论使物理学站在了量子引力的大门口,我们期待流出的时间理论将走出进门的一小步。

附录 18　本底时空的引力场方程

本附录在流时论框架下推导出线性引力场方程。因此，流时论并不违背广义相对论。

本底时空{($\Delta t, \Delta E$)}是真正平直的，它的空间几何是真正欧几里得的。假定本底时空某局域中某一时刻只有($\Delta t, \Delta E$)，例如没有(t, ε)，例如没有高维卷缩结构形式的能团等等。这样就保证了准确的平直性。对于这样的局域，定义能量密度ρ_{Δ}。显然，ρ_{Δ}是局域中ΔE的平均密度，因为严格平直时的ρ_{Δ}也是局域中每一个点($\delta t, \delta E$)的邻域上的密度。各点密度与平均密度在该时刻严格相等。

由于该局域中没有时空弯曲，因此没有引力。等价的说法是，该局域该时刻没有($\Delta t, \Delta E$)的消耗，因此没有引力发生。

构造一个函数$1 - \rho/\rho_{\Delta}$，其中ρ为上述局域的能量平均密度。显然有$1 - \rho/\rho_{\Delta} = 0$。

如果某局域某时刻的平均密度ρ使得$1 - \rho/\rho_{\Delta} < 0$，即$\rho > \rho_{\Delta}$，此时本底时空会表现出充斥力，该局域会发生加速膨胀。如果有$1 - \rho/\rho_{\Delta} > 0$，即$\rho < \rho_{\Delta}$，表明局域中有($\Delta t, \Delta E$)消耗，即($\Delta t, \Delta E$)集聚成了($t, \varepsilon$)。此时必有引力发生，或者该局域时空必然发生弯曲。

本底时空中时时刻刻发生着($\Delta t, \Delta E$)的补充和灭失。任何局域的ρ，都有可能在ρ_{Δ}附近摆动。如果ρ不断扩大，则该局域中的斥力和引力都会上升。假定斥力上升更快，当ρ大于某一个临界值以后，斥力大过引力，局域就会由收缩力占上风变为加速膨胀。我们不知道这个临界密度值与ρ_{Δ}是否相等。如果不相等，大于ρ_{Δ}很有可能。但是由于宇宙常数λ极小极小，我们完全可以相信，这个临界值与ρ_{Δ}极其相近。因此，我们就直接把这个临界值取为ρ_{Δ}。这等于说，在$\rho = \rho_{\Delta}$时，本底时空中斥力与引力平衡。ρ的临界值需要由实验来决定。

从几何角度看，既然是克服引力，充斥力的作用就是要时空更平直。

$$1-\rho/\rho_{\Delta} \tag{18-1}$$

实际上是一个造出来的变号函数。我们估计

$$|1-\rho/\rho_{\Delta}| \ll 1 \tag{18-2}$$

改变ρ而发生的引力或斥力都是极弱极弱的。我们的目标是给出本底时空中的爱因斯坦引力场方程,从而给出宇宙常数λ的具体形式。因此,我们要研究能准确描写弱场的线性方程。

这里又要关于能量守恒说一句话。能量守恒严格成立。能量既不消灭能量,能量也不创生能量。凡引力场的能量都遵守这个原则。并以此为限。

在$\rho=\rho_{\Delta}$的局域时空度规是闵可夫斯基度规$\eta_{\mu\nu}$。ρ的摆动对$\eta_{\mu\nu}$影响应该很小,因此,我们总把本底时空的度规取为$\eta_{\mu\nu}$作为大的背景,而把ρ变化发生的影响作为对$\eta_{\mu\nu}$的影响。狭义相对论的闵氏空间有大量物质,度规取为$\eta_{\mu\nu}$也没有什么影响,因此为了研究λ而取$\eta_{\mu\nu}$作为时空大背景肯定是对的。当然,在流时论看来,能够取$\eta_{\mu\nu}$是闵时空在小尺度对本底时空的近似,在宇宙大尺度近似程度如何,至今并无理论,也无实验。另一个事实是,地球表面肯定不是闵时空,但欧氏几何用得很好。物理根源是闵时空对本底时空在弱场宏观小尺度近似得好。

因为我们现在还不知道引力与斥力相互作用的细节,我们就用密度ρ来描写它们的总体结果。ρ仅仅是本底时空中形式为(Δt,ΔE)的能量的密度。我们要使用前述的变号函数。由于ρ与ρ_{Δ}会很接近。因此要强调$|1-\rho/\rho_{\Delta}|\ll 1$。在方程中调节$1-\rho/\rho_{\Delta}$的正负号,就会完成斥力与引力数学描写转换。现在我们把他写成正号对应引力。

如果在本底时空中加入了非(Δt,ΔE)形式的能量,例如人们把它写为能量动量张量形式$T_{\mu\nu}$的能量。引力源$T_{\mu\nu}$却不能改变ρ和ρ_{Δ}的作用。变号函数式(18-1)仍然描写本底时空中因为ρ变化发生的引力或斥力的突变。就是说,$T_{\mu\nu}$不能改变变号函数所描写的本底时空的性质。但是因为$T_{\mu\nu}$的加入,引力加大了,总体表现出来斥力则需要ρ有相应的更大的值。由于星系、星系团可以视为广大宇宙中的小粒子,因此宇宙大尺度总是弱场。在弱场,引力能对引力质量贡献很小，可以略去。即使引力场张量势的二阶导数线性项出现在场引力方程中，方程也会是高度精确的。在严格的一般形式的场方程中，$g_{\mu\nu}$ 的二阶导数也是线性项，造成了引力能对引力质量贡献的只是 $g_{\mu\nu}$ 的一阶导数的二次项和 $g^{\mu\nu}$。因此，我们期望以引力张量势的二阶导数的线性式子和含$(1-\rho/\rho_\Delta)$ 的线性式子近似弱场。

设想 $h_{\mu\nu}$ 是在大背景 $\eta_{\mu\nu}$ 下的源自 $T_{\mu\nu}$ 的引力场张量势。从数学角度看，$h_{\mu\nu}$ 是对 $\eta_{\mu\nu}$ 的微扰。

比式 ρ/ρ_Δ 把量纲全消去了，因此，比值只是一个实数。$(1-\rho/\rho_\Delta)h_{\mu\nu}$ 是源自本底时空的物理量。它可以起到引力作用，此时我们把它理解为在大背景 $\eta_{\mu\nu}$ 下的源自本底时空的引力场张量势。因此，即使$(1-\rho/\rho_\Delta)h_{\mu\nu}$ 表现为斥力作用，我们还是保持与引力作用时一样的数学处理方法。从数学角度看，$(1-\rho/\rho_\Delta)h_{\mu\nu}$ 也是对 $\eta_{\mu\nu}$ 的微扰。

$T_{\mu\nu}$ 和 ρ 对 $h_{\mu\nu}$ 都有贡献。$h_{\mu\nu}$ 则会使 $\eta_{\mu\nu}$ 有小的改变，或说成对 $\eta_{\mu\nu}$ 施加微扰。

线性化场方程中不允许出现二阶或二阶以上小量，为了防止$(1-\rho/\rho_\Delta)h_{\mu\nu}$ 成为二阶小量，我们用

$$(1-\rho/\rho_\Delta)(h_{\mu\nu}+\eta_{\mu\nu}) \tag{18-3}$$

来表达 ρ 的贡献。加进 $\eta_{\mu\nu}$ 是因为在这里再无别的度规张量可用了。于是有

$$g_{\mu\nu}=\eta_{\mu\nu}+h_{\mu\nu}+(1-\rho/\rho_\Delta)(h_{\mu\nu}+\eta_{\mu\nu}) \tag{18-4}$$

其中

$$|h_{\mu\nu}|\ll 1 \tag{18-5}$$

$$|(1-\rho/\rho_\Delta)(h_{\mu\nu}+\eta_{\mu\nu})|\ll 1 \tag{18-6}$$

令

$$\gamma_{\mu\nu}=h_{\mu\nu}+(1-\rho/\rho_\Delta)(h_{\mu\nu}+\eta_{\mu\nu}) \tag{18-7}$$

则有

$$g_{\mu\nu}=\eta_{\mu\nu}+\gamma_{\mu\nu} \tag{18-8}$$

$$|\gamma_{\mu\nu}|\ll 1 \tag{18-9}$$

对于式(18-8) 和式(18-9)，人们已得出弱场的线性爱因斯

坦引力场方程。

$$\bar{\gamma}^{;\sigma}_{\mu\nu,\sigma} = -kT_{\mu\nu} \tag{18-10}$$

其中定义 $\bar{\gamma}_{\mu\nu} = \gamma_{\mu\nu} - \frac{1}{2}\eta_{\mu\nu}\gamma$ （18 – 11）

γ 是 $\gamma_{\mu\nu}$ 的迹 $\gamma = \gamma^{\sigma}_{\sigma} = \eta^{\sigma\nu}\gamma_{\sigma\nu}$。

同时有线性化了的谐和坐标条件

$$\bar{\gamma}^{;\alpha}_{\mu\alpha} = 0 \tag{18-12}$$

利用公式(18 – 7) 和公式(18 – 11) 有

$$\begin{aligned}
\bar{\gamma}_{\mu\nu} &= \overline{[h_{\mu\nu} + (1-\rho/\rho_{\Delta})(h_{\mu\nu}+\eta_{\mu\nu})]} \\
&= h_{\mu\nu} + (1-\rho/\rho_{\Delta})(h_{\mu\nu}+\eta_{\mu\nu}) - \frac{1}{2}\eta_{\mu\nu}[h + (1-\rho/\rho_{\Delta})(h+\eta)] \\
&= \bar{h}_{\mu\nu} + (1+\rho/\rho_{\Delta})[(h_{\mu\nu}+\eta_{\mu\nu}) - \frac{1}{2}\eta_{\mu\nu}(h+\eta)]
\end{aligned}$$

把 ρ 视为常数则有

$$\begin{aligned}
\bar{\gamma}^{;\sigma}_{\mu\nu,\sigma} &= \bar{h}^{;\sigma}_{\mu\nu,\sigma} + (1-\rho/\rho_{\Delta})[h^{;\sigma}_{\mu\nu,\sigma} - \frac{1}{2}\eta_{\mu\nu}h^{;\sigma}_{;\sigma}] \\
&= \bar{h}^{;\sigma}_{\mu\nu,\sigma} + (1-\rho/\rho_{\Delta})[h_{\mu\nu} - \frac{1}{2}\eta_{\mu\nu}h]^{;\sigma}_{;\sigma} \\
&= \bar{h}^{;\sigma}_{\mu\nu,\sigma} + (1-\rho/\rho_{\Delta})\bar{h}^{;\sigma}_{\mu\nu,\sigma} \\
&= (2-\rho/\rho_{\Delta})\bar{h}^{;\sigma}_{\mu\nu,\sigma}
\end{aligned}$$

于是线性场方程(18 – 10) 化为

$$(2-\rho/\rho_{\Delta})\bar{h}^{;\sigma}_{\mu\nu,\sigma} = -kT_{\mu\nu} \tag{18-13}$$

也可写成

$$\bar{h}^{;\sigma}_{\mu\nu,\sigma} + (1-\rho/\rho_{\Delta})\bar{h}^{;\sigma}_{\mu\nu,\sigma} = -kT_{\mu\nu} \tag{18-14}$$

由式(18 – 14) 可以看出，如果认为左边第 2 项与 ρ 的贡献关联较大，则第 1 项与 $T_{\mu\nu}$ 的贡献关联较大。而随着 ρ 的增大，第 2 项由对引力做贡献突变为对斥力做贡献。符合预期。

由(18 – 13) 可以看出，必须有

$$\rho \neq 2\rho_{\Delta} \tag{18-15}$$

方程(18 - 13) 要求,本底时空的密度ρ不得变得很大。确实,如果ρ上升到一定值,宇宙会加速膨胀,从而使得ρ降下来。符合预期。ρ只对宇宙大尺度有用。对于小尺度情形,因为ρ作用太小,不用关心。

把一般的引力场方程写成

$$R_{\mu\nu} - \frac{1}{2}Rg_{\mu\nu} - \lambda g_{\mu\nu} = -8\pi GT_{\mu\nu} \tag{18 - 16}$$

$$R_{\mu\nu} - \frac{1}{2}Rg_{\mu\nu} = -8\pi G(T_{\mu\nu} - \frac{\lambda}{8\pi G}g_{\mu\nu}) \tag{18 - 17}$$

$-\frac{\lambda}{8\pi G}g_{\mu\nu}$ 与 $T_{\mu\nu}$ 地位相同,它当然也是能量动量张量。人们把它理解为真空的能量动量张量。但是真空概念已成了能量的溢洪区。其实把它理解为本底时空的能量动量张量更确切。统一于这个理解会使我们很容易看到宇宙常数本质上是本底时空的斥力。于是我们可以直接把$1-\rho/\rho_\Delta$写进式(18 - 16),

$$R_{\mu\nu} - \frac{1}{2}Rg_{\mu\nu} + (1-\rho/\rho_\Delta)g_{\mu\nu} = -8\pi GT_{\mu\nu} \tag{18 - 18}$$

因为宇宙加速膨胀,$1-\rho/\rho_\Delta$总取负值。

把$-\frac{\lambda}{4\pi G}$解释为真空的能量密度,也就是本底时空的能量密度,可以求出

$$\frac{|\lambda|}{4\pi G} = 4\times 10^{-29}\text{g/cm}^3$$

是本底时空密度的上限(见文献[15] 第 297 页)。但是不知下限。我们已求得$\rho_\Delta = 1.5\times 10^{-35}\text{g/cm}^3$,因为宇宙加速膨胀,故可以作为本底时空的密度下限。

$$1.5\times 10^{-35}\text{g/cm}^3 < \frac{|\lambda|}{4\pi G} < 4\times 10^{-29}\text{g/cm}^3 \tag{18 - 19}$$

式子$-\frac{\lambda}{4\pi G}$与式子$\frac{1-\rho/\rho_\Delta}{4\pi G}$有差别。显然后者物理意义更确切。

在引力场中由于消耗$(\Delta t,\Delta E)$使ΔE少了,距离收缩;而δt重排

使 Δt 拉长了,时间膨胀。对于观者相对运动增加的动能加快了(Δt, ΔE)的消耗,也有尺缩钟慢。这些都发生在伸展的维。

参考文献

[1]爱因斯坦. 狭义与广义相对论浅说. 杨润殷,译. 上海:上海科学技术出版社,1964

[2]爱因斯坦. 相对论的意义. 李灏,译. 北京:科学出版社,1961

[3]P·G. 柏格曼. 相对论引论. 周奇,郑萍,译. 北京:人民教育出版社 1961

[4]梁灿彬,周彬. 微分几何入门与广义相对论(二版). 北京:科学出版社,2006

[5]曹盛林·芬斯勒,时空中的相对论及宇宙论. 北京:北京师范大学出版社,2001

[6]赵峥. 黑洞与弯曲的时空. 太原:山西科学技术出版社,2005

[7]P. A. M·狄拉克. 量子力学原理. 陈咸亨,译. 北京:科学出版社,1965

[8]费恩曼. 费恩曼物理学讲义. 郑永令,等译. 上海:上海科学技术出版社,2005

[9]王正行. 简明量子场论. 北京:北京大学出版社,2008

[10]李政道. 粒子物理和场论. 上海:上海科学技术出版社,2006

[11]赵凯华,罗蔚茵. 热学. 北京:高等教育出版社,1998

[12]W. 顾莱纳. 热力学与统计力学. 钟云霄,译. . 北京:北京大学出版社,2001

[13]俞允强. 热大爆炸宇宙学. 北京:北京大学出版社,2001

[14]俞允强. 物理宇宙学讲义. 北京:北京大学出版社,2002

[15]H. C·瓦尼安,R·鲁菲尼. 引力与时空. 向守平,冯珑珑,译. 北京:科学出版社,2006

[16]赫尔曼·外尔. 对称. 冯承天,陆继宗,译. 上海:上海科技教育出版社,2002

[17]马中骐. 物理学中的群论(第二版). 北京:科学出版社,2006

[18]陈蜀乔. 引力场及量子场的真空动力学图像. 北京:电子工业出版社,2010

[19]罗素. 数理哲学导论. 晏成书,译. 北京:商务印书馆,1982

[20]胡世华,陆钟万. 数理逻辑基础(下). 北京:科学出版社,1982

[21]Gaisi Takeuti, Wilson M. Zaring. Introduction to Axiomatic Set Theory, NewYork: Springer – Verlag, 1982

[22]郭树源. 时间与物理学. 北京:科学出版社,2011

[23]刘应平. 流出的时间. 西安:西北大学出版社,2007

[24]刘应平. 热与引力. 西安. 陕西科技出版社,2011

[25]霍金,彭罗斯. 时空本性. 杜欣欣,吴忠超,译. 长沙:湖南科学技术出版社

[26]张操. 物理时空理论探讨. 上海:上海科学技术文献出版社,2011

[27]李淼. 超弦史话. 北京:北京大学出版社,2005

[28]B·格林. 宇宙的琴弦. 李泳,译. 长沙:湖南科学技术出版社,2007

[29]M·克莱因. 数学:确定性的丧失. 李宏魁,译. 长沙:湖南科学技术出版社,1999